北京农区害鼠监测与防控实用技术指南

组织编写　北京市植物保护站

主编　袁志强　杨建国

中国农业科学技术出版社

《北京农区害鼠监测与防控实用技术指南》

编 委 会

主　编 袁志强　杨建国

副主编 董　杰　岳　瑾　张金良　贾海山

编　委（按姓氏笔画排序）：

王　松　王泽民　王福贤　邓延海　卢润刚

付新安　刘春来　孙　戈　孙艳艳　杜　钢

杜兴尧　杨伍群　杨德草　张占龙　张桂娟

陈海明　周长青　赵振霞　胡冬雪　胡学军

祝玉梅　郭书臣　黄志坚

前　言

鼠类是重要的生物灾害之一，与人类的生产生活联系紧密。从种子到果实，从田间到农舍库房，从农村到城市，到处都有鼠类的影子。盗食和污染种子、粮食、饲料、果菜、畜产品，啃咬器物，咬死、咬伤人畜，每年都会造成巨大的经济损失。此外，鼠类还是 57 种人类疾病的媒介生物，通过直接或间接的途径传播病毒性疾病、细菌性疾病、立克次体病、寄生虫病，对人们身体健康构成威胁。

随着北京国际都市化进程的加快，以及农业种植业结构调整的深入，北京农业已从过去单一粮食生产为主向都市型现代农业转变，粮食种植面积逐年减少，水产养殖、畜禽养殖业规模也在逐步缩减，设施观光农业、平原退耕还林和休耕轮作面积逐步增加。这些种养殖结构的变化，导致农区鼠害发生呈现新的特点。粮食面积和畜禽养殖业规模的减小不利于鼠类生存、繁殖和转移为害，使农田鼠密度呈持续下降趋势，但局部农区环境仍存在季节性集中为害现象，如播种的蔬菜种子、发菌的食用菌菌袋、冬季草莓等时常会受到鼠类为害，严重时可造成 20%～30% 产量损失。另外，畜禽养殖场环境复杂，食物丰富，种群恢复速度快，仍是害鼠的重发区域，且是周边农田的鼠源基地。

20 世纪 80 年代末至 90 年代中期是北京市农田害鼠发生高峰期，样地最高捕获率达到 59.3%。害鼠的严重发生，引起了市、区农业行政主管部门高度重视，并得到了各级财政部门的支持，使农田鼠害监测和防控工作得以实施。一是农田鼠害监测逐步完善。1986 年，在顺义县（1998 年，撤销顺义县，设立顺义区）建立了全市第一个农田鼠害系统监测点，到 2008 年农田鼠害监测得到进一步加强，除顺义的系统监测点外，其他 12 个区县也建立了长期鼠情监测点，监测样地数达到 70 个。同时畜禽养殖场、水产养殖场也相继开展了鼠情监测工作，全市鼠情监测样地数达到 150 个，实现了农区鼠情监测的全覆盖。二是农区鼠害防控逐步实现全面覆盖，控鼠技术得到很大提升。1988 年农田率先开展鼠害防控工作，并一直延续至今。2004 年增加了畜禽养殖场鼠害防控，2008 年增加水产养殖场鼠害防控，至此全市农区灭鼠工作已基本实现了防控区域的同步防控和全覆盖防控。近些年,随着毒饵站灭鼠技术、粘鼠板灭鼠技术、TBS捕鼠技术、D-2E智能监测和物联网智能监测等的引入,全市农区鼠害监测与防控技术得到了较大提升,杀鼠剂毒饵用量大幅度下降。通过30余年连续开展的农区鼠害防控工作,使农区鼠密度得到很好控制,为害明显减轻,达到了防病、防灾、保生产、保安全、保生态的灭鼠目标,并为亚运会和奥运会的安全保障工作作出了贡献。

近几年,随着鼠密度的降低和持续控鼠年限的延长,对农区鼠害防控的重视度有所下降,甚至出现了停止开展鼠害防控工作的想法,这都是传统鼠害防控理念在作怪。在鼠害防控中应引入中医"治未病"的科学理念,同时还应将农区鼠害控制纳入农区生态系统中,将人为控制与生物控鼠、生态控鼠相结合,才能以很少的防治成本获得很好的防治效果。在20世纪80年代末至21世纪初的农区鼠害高发期,仅农田控鼠每年投饵量就高达400 t左右,虽然能达到90%以上的灭鼠效果,但鼠密度会很快回升,到秋季鼠密度又恢复到很高水平。而现在年投饵量逐年下降,近些年每年投饵量仅为30~40 t,但鼠密度已连续10余年控制在1%以下。取得这样的效果,除了人为防治的功效外,还与农区天敌数量的增加和生态环境的改善分不开。另外,近几年,随着公务用车的减少和区县技术人员流动,许多农民和新的技术人员加入到监测和防控队伍中来,这些新人缺少相关鼠害监测与防控知识,需要相关的培训资料。基于此,为更好地推动北京市的农区灭鼠工作,普及科学的控鼠技术和理念,借鉴灭鼠专家成果,结合本市农区多年的防控工作经验,特编写完成此书,以供基层农业技术人员借鉴参考。

编　者

2020年9月

目　录

第一章　鼠与人类的关系

鼠类大约出现在 6 000 万年前，远早于人类出现的时间。鼠类最早在野外生活，随着人类的出现和农事活动的增加，开始进入人类的生活，并随着人类的迁移而蔓延扩散，成为与人类相伴生的动物类群，严重影响着人类的生产、生活，甚至是生命安全。我国对鼠类为害最早的记录出现在春秋时期的《诗经》中。进入近代，对害鼠为害的报道更多，可见人类与鼠类的斗争史源远流长。

鼠类是哺乳动物中分布最广、种类最多、数量最大的一个动物类群，分布于除南极洲外的世界各地。目前全世界现有啮齿动物 2 369 种，占现存哺乳动物总种数的 43.7%。鼠类统称为啮齿动物（Glires），包括啮齿目（Rodentia）和兔形目（Lagomorpha）两大类群，其共同特点是具有发达的凿状门齿，无齿根，能终生生长，无犬齿而具齿虚位，具双子宫的小型或中型的有胎盘哺乳动物。

鼠类种类虽多，但不是所有的鼠类都会对人类造成为害，就鼠类本身而言，并没有利害之分，鼠类作为自然生态系统的重要组成部分，对维持自然生态系统的平衡和物种多样性起到了非常重要的作用，一旦生态链的某个环节出现问题，都会打破自然生态系统的平衡。既然是这样，为什么还有鼠类的利与害之分呢？其实这样划分更多是反映了人的意志，当鼠类进入到涉及人类生产、生活的生态圈时，如果威胁到人类正常的生产、生活，就会被称为鼠害，这主要是指分布在农、林、牧生态系统中的一些鼠类，是人类的防控对象，而不是要防控所有的鼠类。当然任何事物都有双重性，鼠类也是如此。在人类社会发展中，有很多鼠类就被人类开发利用，广泛应用于医药、医学试验、毛皮加工，服务于人类的生产、生活，创造了非常大的经济价值。

第一节　鼠的为害

鼠大部分种类生活在野外，对人类没有直接的影响，只有约 1/3 的种类生活在农业生态系统中，会影响到人类正常的生产、生活，并造成巨大经济损失，这些鼠类是人类控制的对象。鼠类对人类生产、生活的为害是多方面的，既有直接的为害，也有间接的为害，概括起来，主要表现在以下 3 个方面。

一、盗食和污染

鼠类处于食物链较低位置，虽是杂食性动物，但却以植食性为主。鼠类要生存、繁衍，就要进行取食，就会造成直接危害，而且这种为害可以说是无处不在，在农田盗食粮食、果蔬、籽种等，造成缺苗断垄和极大的粮食损失；在农户庭院和畜禽养殖场盗食、污染大量的粮食、饲料、幼禽及禽畜产品。可以说从种到收，再到贮藏、加工、销售，甚至到消费阶段，几乎都有鼠类的痕迹。大多数鼠类体型不大，单只鼠的日食量仅是其体重的 10%～20%，即几十克到 100 多克，造成的损失并不大，但由于其群体非常庞大，累加起来造成的损失非常巨大。据第二届国际鼠类生物学及其控制研讨会认为，发展中国家的人鼠比为 1∶（3～4），据联合国粮农组织 1975 年的报告，全世界各国农业因鼠害造成的损失相当于全世界所有作物总产值的 20%，超过植物病虫草害造成的损失。我国的鼠害发生形势也很严峻，据有关部门估计，我国农田每年鼠害发生面积 0.36 亿 hm^2 左右，由此造成的粮食损失在100 亿 kg 以上。

北京农区鼠害的发生情况基本与全国一致，在 20 世纪 80 年代末至 90 年代中期，北京市农区鼠害处于发生高峰期，平均鼠密度达到 20%～30%，农作物受害严重。1994 年昌平县（1999 年，撤销昌平县，设立昌平区）头村猪场外一块夏玉米被害株率达 71%，南邵镇张各庄村一农户半亩[①]自留地播种的黄豆一夜间被盗光；大兴区小黄垡蔬菜基地种植食用菌的温室，发菌的菌袋被害率达到 5% 左右；房山区大石窝镇南河村的蔬菜大棚遭鼢鼠为害，造成部分植株死亡。除了直接取食为害外，北京农区营地上生活的鼠种没有冬眠习性，为保证能够安全越冬，害鼠会在秋季大量贮存各种粮食。据秋季挖穴调查，平均每个鼠洞能够存粮 10～20 kg，据说有个农民一个秋季就挖出了多达 1 500kg 的粮食。不仅农田鼠害发生严重，农户和养殖场更是害鼠猖獗的场所，由于食物丰富，害鼠可周年进行为害。据统计，每只害鼠一年要吃掉粮食或饲料 5～25.5 kg。据通州区一养猪场（2 个规模）的场长介绍，该养猪场每天被老鼠盗食和糟蹋的饲料就达 50kg。害鼠除了直接盗食饲料外，还会盗食幼禽及畜禽产品。1996 年，昌平原种场的一栋鸡舍，一夜间被老鼠咬死

---

① 1 亩 ≈ 667m^2。

19 只雏鸡。2003 年秋季在怀柔一养鸡场调查，发现养殖棚外到处都是老鼠为害后的蛋壳。除了直接盗食为害外，害鼠粪尿、体毛的污染也相当严重，有时甚至会超过直接为害的损失。经研究，一只褐家鼠每年要排粪 15 000 粒左右，这些粪尿有时就会排放在粮食、食品、饲料中，而被污染的食品就会失去使用价值，由此造成的损失也是相当惊人的。

二、传播疾病

鼠类的另一个为害就是传播疾病，直接威胁人类的生命安全。鼠类是鼠疫、出血热、钩端螺旋体病等多种自然疫源性疾病的宿主，能将病毒、细菌、立克次体、螺旋体、原虫体和蠕虫等病原体传播给人畜。目前已知鼠传疾病有 57 种，主要通过鼠类的粪尿、体毛、唾液、体表寄生虫及污染食物、水源、器物表面，直接或间接传播给人类，直接威胁人类生命安全。历史上，鼠传疾病曾多次流行，造成大量人员死亡。14 世纪欧洲"黑死病"大流行，死亡 2 500 万人，是当时欧洲人口的 1/4。1925—1932 年和 1935—1937 年，北京曾有 2 次鼠型斑疹伤寒大流行。我国对鼠传流行性疾病非常重视，目前已将鼠疫、流行性出血热、钩端螺旋体病等列入甲、乙等流行性传染病，并制定了严格的防疫措施。尽管如此，这 3 种鼠传疾病每年都会在局部地区发生，表 1-1 发布的 2016—2018 年全国鼠传疾病统计结果，可以看出我国每年都有 1 万人左右感染鼠传疾病，即使在现代高水平的医疗条件下，仍会造成部分病例死亡，可见全国鼠传疾病的防控形势依然严峻。

表 1-1　2016—2018 年全国鼠传疾病发病、死亡情况统计

年份	病名	发病数（例）	死亡数（人）
	鼠疫	1	0
2016	流行性出血热	8 853	48
	钩端螺旋体病	354	1
	鼠疫	1	1
2017	流行性出血热	11 262	64
	钩端螺旋体病	201	0
	鼠疫	0	0
2018	流行性出血热	11 966	97
	钩端螺旋体病	157	1

近些年，随着我国经济的快速发展，物流和人员流动的频繁，给鼠类的远距离扩散和鼠传疾病远距离传播创造了有利条件，也给鼠传疾病疫情的防控增加了难度。2002 年 11 月，河北省张家口市康保县发生鼠间鼠疫流行，被定为鼠间鼠疫疫区，对周边区域的公共卫生安全构成威胁。2005 年 4 月 6—8 日，首都机场检验检疫局在对首都机场 T3 航站楼施工工地进行鼠密度本底调查与监测过程中，1 只活体褐家鼠肺组织 SEO 型出血热核酸片段检测呈阳性，此事件受到北京市领导的高度重视，市领导责成有关部门严办。2019 年 11 月 11 日，2 名来自内蒙古的病人在北京市朝阳医院被确诊为鼠疫患者，引起市政府高度重视，北京市紧急启动了鼠疫疫情防控预案。这些实例说明，尽管某个地区目前不是鼠传疾病疫区，但随着物流和人员流动，疫区带毒害鼠或感病人员有可能会远距离迁入非疫区，一旦遇到适宜的条件就会形成扩散，对公共卫生安全构成威胁。因此，鼠传疾病的防控工作应是一项持久性的工作，需常抓不懈。

三、啃咬和盗洞

鼠类的另一个为害与它的一个生物学特点密切有关，那就是它的门齿。鼠类门齿没有齿根，可终生生长，因此，需要经常啃咬以磨损它的牙齿，否则它的门齿就会长得过长，而影响它的正常取食。据研究显示，每只老鼠每周啃咬次数达 25 000 次，除了正常的取食外，还会啃咬书籍、家具、建筑、现金、衣服、电线、仪器、幼树等害鼠所能接触到的几乎所有物品，甚至咬伤人的事件也时有发生，严重影响居民的正常生活、工厂正常生产、电信通信和交通运输正常运营、树木正常生长，从而造成巨大的经济损失。上海有个工厂因老鼠窜入高压电闸，造成停产事故，损失 1 700 多万元。北京地铁也曾因老鼠的骚扰出现过数次停运事故，飞机上出现老鼠而造成停飞的事件也时有发生。在美国的电器火灾中，有 1/3 起因不明，其中大部分疑似鼠类造成。除造成财、物的损失外，老鼠咬人致伤也是屡见不鲜。在美国每年竟有上万人被老鼠咬伤。《北京晚报》2002 年 1 月 17 日《北京新闻／现场》栏目报道：家住幸福大街居民楼 2 层的一住户，一日之内竟被老鼠咬伤 3 人。

鼠类除了要吃，同样也要有居住的地方，而且大多数鼠类都是建房的高手。有些鼠类将房子建在岩石缝中，有些建在树枝上，有的鼠在箱柜或杂物中做巢，而巢鼠则在草丛上建巢，但大多数鼠种则是在地下挖洞，正如那句俗语"老鼠的儿子会打洞"所说。鼠类的洞穴有的简单，有的结构非常复杂，库房、厕所、巢室等功能俱全，有的用于居住，有的用于避难。鼠类一般喜欢将洞穴设置在高岗隐蔽的环境中，杂物堆下、田埂、堤坝、路基等处都是鼠类喜欢做穴的地方，当堤坝、路基等处鼠穴数量巨大时，就会引起管涌或路基塌陷，成为巨大的安全隐患。

第二节　鼠的利用

谈到鼠类，可能没有几个人喜欢它，"贼眉鼠眼""过街老鼠，人人喊打"，从这些带有鼠的成语或俗语中可以看出，人们对鼠类可以说是深恶痛绝。鼠类确实每年都会造成巨大的经济损失，传播疾病威胁人类的身体健康和生命安全，但鼠类也不是一无是处，随着人类对自然界认知的深入，一些鼠类也被人类开发利用，不仅丰富了人类的经济活动，而且创造了很高的经济价值。当然从保障生物多样性的角度看，鼠类是多种自然生态系统中的次级生产力，是维持自然生态系统食物链的重要环节。

一、鼠类被引入人类的经济活动

一些鼠类是重要的毛皮动物，如旱獭、麝鼠、松鼠、海狸、毛丝鼠等，其毛皮被制成毛皮大衣、手套、帽子等，成为全球驰名产品，如毛丝鼠大衣比等重量的黄金还贵，被称为"金耗子"。鼠类皮毛制品的走俏，带动了旱獭、麝鼠、毛丝鼠等人工养殖业的兴起，成为新的致富途径。

一些鼠类是可爱的宠物。随着人类生活水平的提高，宠物成为很多人生活中不可缺少的部分。在众多的宠物王国中，部分鼠类也成为其中的一员，如仓鼠、睡鼠、豚鼠、松鼠等鼠类就被很多人宠爱。

一些鼠类是重要的中药材。中医是我国文化瑰宝，中药的取材广泛，其中某些鼠类及粪便就是药材，能够治疗多种疾病。如鼢鼠的骨骼能够代替虎骨用于治病；鼯鼠的粪便是中药"五灵脂"，对结核杆菌和皮肤病真菌有抑制作用，能缓解平滑肌痉挛，止痛，增加白细胞；松鼠可用于治疗肺结核和月经不调等症。

有些鼠类也被人们食用，南方省份有些地方的农民就把板齿鼠、竹鼠当作美食，北方一些地方也有人食用黄鼠和松鼠。需要提醒的是，食用鼠肉要谨慎，应禁止食用鼠传疾病疫源地的鼠肉。

二、鼠是重要的试验动物

鼠类是最常用的试验动物，占所有试验动物总数的 90% 以上，如小鼠、大鼠、地鼠、豚鼠、仓鼠等，被广泛应用于生命科学和医学研究中，为人类的疾病治疗提供科学依据。其中大鼠和小鼠已定向培育出很多品系、品种，服务于不同目的的试验，特别是小鼠常用于生理、行为、疾病和基因工程技术等方面的研究。

三、鼠是一种物种资源

鼠类是自然生态系统中的一员，它既取食植物，又取食昆虫及虫卵，同时又是肉食性天敌的食物，在维系自然生态系统食物链稳定中起着重要作用。对于鼠类，既要控制，将其密度控制在经济阈值以下，又要保护，对有益、濒危种类进行保护。如河狸、巨松鼠、海南兔、塔里木兔和雪兔 5 种被列入《国家重点保护野生动物名录》，成为法定的国家一、二级保护动物。

第二章　北京农区害鼠种类及识别

啮齿动物包括啮齿目和兔形目，其中对人类造成为害的主要是啮齿目。目前，全世界啮齿目动物有 34 科，包括 5 个亚目：松鼠形亚目（Scuriomorpha）、河狸形亚目（Castorimorpha）、尾鳞松鼠亚目（Anomaluromorpha）、鼠形亚目（Myomorpha）和豪猪形亚目（Hystricomorpha），我国有除尾鳞松鼠亚目外的 4 个亚目，9 个科，192 个种，其中对人类造成为害的主要有 40 余种。

第一节　北京农区害鼠种类

一、北京地理概况

北京地处华北平原西北隅，地理坐标为东经 115° 25′ ~ 117° 30′，北纬 89° 28′ ~ 41° 05′。东西宽约 160 km，南北长 176 km。总面积 16 457.2 km²。西北和北面为群山环绕，约占全市面积的 61.29%，最高峰海拔 2 303 m。

二、北京农区害鼠种类及分布

据调查，北京有啮齿目动物 19 种（表 2-1），包括 4 个科，7 个亚科，16 个属 19 个鼠种。按照生态类型划分，将全境划分为 5 种生态类型区：一是平原潮土区，在海拔 50 m 左右，主要鼠种有黑线姬鼠、小家鼠、黑线仓鼠、大仓鼠、褐家鼠；二是平原沙壤干旱区，主要鼠种有黑线仓鼠、黑线姬鼠、小家鼠；三是山前台地丘陵区，海拔在 100 m 上下，宽度 5 ~ 10 km 不等，主要鼠种有黑线仓鼠、大仓鼠、小家鼠；四是低山区，海拔在 800 m 以下的山区，主要鼠种有社鼠、小家鼠、黑线姬鼠、岩松鼠、花鼠和大仓鼠；五是中山区，800 m 以上的山地，主要鼠种有朝鲜姬鼠、棕背鼠、黑线姬鼠、大仓鼠。不同的生态类型，害鼠的种类存在一定的差异。

表2-1 北京农区害鼠种类

目别	科别	亚科	属别	种别	分布区域
啮齿目	鼠科	鼠亚科	姬鼠属	黑线姬鼠	北京全境
				朝鲜姬鼠	房山、延庆、门头沟
				小林姬鼠	延庆、平谷、密云、海淀、门头沟
			家鼠属	褐家鼠	北京全境
			中国小鼠属	小家鼠	北京全境
			白腹鼠属	社鼠	房山、门头沟、延庆、怀柔、昌平、密云、平谷
	仓鼠科	仓鼠亚科	大仓鼠属	大仓鼠	北京全境
			仓鼠属	黑线仓鼠	北京全境
				长尾仓鼠	延庆
		䶄亚科	毛足田鼠属	棕色田鼠	门头沟
			䶄属	棕背䶄	延庆、房山、怀柔
		沙鼠亚科	沙鼠属	子午沙鼠	延庆、房山
	鼹形鼠科	鼢鼠亚科	鼢鼠属	东北鼢鼠	北京全境
			中华鼢鼠属	中华鼢鼠	房山、延庆
	松鼠科	中国亚洲地松鼠亚科	岩松鼠属	岩松鼠	北京山区
			花鼠属	花鼠	北京山区
			黄鼠属	达乌尔黄鼠	延庆、昌平
		松鼠亚科	复齿鼯鼠属	复齿鼯鼠	怀柔、密云、门头沟、房山
			沟牙鼯鼠属	沟牙鼯鼠	房山、密云
食虫目	鼩鼱科	麝鼩亚科	鼩鼱属	鼩鼱	北京山区

第二节 北京地区的鼠种识别

一、鼠类识别方法

啮齿目是哺乳动物中最大的一类，为更好区分每个鼠种，需要对鼠类进行鉴定。目前一般是根据颅骨上咬肌的结构和附着情况、牙齿、下颌骨等进行种间分类，这种分类方法主要是判定新鼠种或区分近似种时应用，是一种比较专业的鼠种鉴定方法。而在日常监测中多是常见的鼠种，就没有必要采用这种精确的鉴定方法了，一般简单地根据体型可识别特征就可以确定鼠种了。

二、北京农区主要鼠种识别特征

为便于基层鼠情监测人员对常见鼠种的识别，现将北京地区 19 个啮齿目鼠种及调查中常见食虫目鼩鼱的识别特征进行具体介绍。

1. 黑线姬鼠（*Apodemus agrarius*）

别名田姬鼠、黑线鼠、长尾黑线鼠。为中小型鼠种，体重 5.4 ~ 60.6 g，体长 13 ~ 126 mm。体细长，头小，吻尖。耳较短，折向前方达不到眼部。尾长 33 ~ 102 mm，细长，略短于体长，尾毛不发达，鳞片裸露呈环状。体背通常从两耳间沿脊背中线至尾基部有条黑色暗纹。体侧毛棕色，无黑毛尖。腹面和四肢内侧毛灰白色，毛基灰色，毛尖白色。臼齿咀嚼面有三纵列丘状齿突。

黑线姬鼠是一种野栖鼠种，偶尔也到室内为害。黑线姬鼠适应性极强，在北京全境均有分布，特别喜欢湿润、潮湿环境，是稻田优势鼠种，21 世纪初黑线姬鼠成为北京农田第一优势鼠种。周年进行活动，杂食性，以植食性为主，也取食昆虫。喜食作物种子，在北京地区冬季有贮粮习性。北京地区，黑线姬鼠繁殖期在 2—11 月，主要繁殖季节为 5—10 月，每年可繁殖 3 ~ 5 胎，平均每胎产仔 5.7 只，最高单胎产仔 13 只。

2. 朝鲜姬鼠（*Apodemus peninsulae*）

别名林姬鼠、山耗子。体细长，与黑线姬鼠大小相近，体长 70 ~ 130 mm。耳很大，前折可达眼部。尾长接近体长，约是体长的 5/6，尾毛稀疏，尾鳞裸露，尾环明显。前后足各有 6 个足垫。雌鼠胸腹部各有 2 对乳头，身体北面毛端黄棕色或黄赭色，毛基深灰色，杂有较多黑毛，不形成黑线，毛色也会随季节有所变化。腹部和四肢内侧的毛为灰白色，体侧毛色比背部浅。尾背毛褐棕色，下面白色。足背和下颏均为白色。

朝鲜姬鼠是一种野栖鼠种，分布在房山、延庆、门头沟 3 个区，主要栖息在低海拔的针叶混交林、灌木丛、荒地，喜食营养丰富的种子和果实。它可挖食直播的树种，并会掩埋起来。朝鲜姬鼠的繁殖期为 4—11 月，5 月、6 月为繁殖高峰期。每年繁殖 2 ~ 3 胎，每胎产仔 4 ~ 9 只。

3. 小林姬鼠（*Apodemus sylvaticus*）

小林姬鼠为小型鼠种。吻部尖细，耳较长，前折可达到眼部。前后足均有 6 个掌垫，后足明显比朝鲜姬鼠短。背毛一般为赭色，毛基为深灰色，上端浅棕色，间杂很多上端呈黑色的毛。腹部及四肢内侧毛为灰白色，毛基深灰色，毛尖白色。足背和下颌部白色。尾明显比体长短，尾毛二色，背面灰褐色，腹面灰白色，尾环不甚明显。齿突极明显，上颌第一臼齿长约为第二臼齿和第三臼齿的总和。

小林姬鼠是一种野栖鼠种，北京地区主要分布在延庆、平谷、密云、海淀、门头沟等区，喜生活低海拔山区林荒地。小林姬鼠以作物种子和草籽为食，亦食植物绿色部分。小林姬鼠的繁殖期为 4—10 月，繁殖高峰期在 4—6 月。每胎产仔数 5 ~ 7 只，最高的为 10 只。

4. 褐家鼠（*Rattus norvegicus*）

别名大家鼠、沟鼠。体型较大，体重 21.5 ~ 314.0 g，体长 88 ~ 206 mm。尾粗而长，略短于体长，长 60 ~ 178 mm。吻较圆钝，耳短而厚，向前翻不到眼。腹毛污白色，体背毛色多呈棕褐色或灰褐色，毛基深灰色，毛色因年龄和环境有变异。雌鼠通常乳头 6 对，生于腹面两侧。尾被毛稀疏，环状鳞清晰可见。

褐家鼠是家野两栖鼠种，有季节迁移现象，在北京全境均有分布。喜栖息在住宅、养殖场、垃圾场、下水道、运输工具等场所。洞穴多设在近水源和食物的隐蔽处。周年活动，食性杂，喜食肉类和多汁的食物。褐家鼠繁殖力极强，在适宜的条件下，每年生 6 ~ 8 胎，每胎生仔 7 ~ 10 只，最高单胎产仔 18 只。平均寿命 2 ~ 3 年。

5. 小家鼠（*Mus musculus*）

别名小耗子、鼹鼠。体型小，体重 5.5 ~ 35.3 g，成体体长 50 ~ 100 mm，尾长略短于体长。头较小、吻短。耳圆形，11 ~ 14 mm，明显地露出毛被外。体背毛呈棕灰、灰褐或暗褐色，毛基部黑色，腹面毛白色、灰白色或灰黄色。雌鼠有乳头 5 对。上颌门齿舌面有一直角形的缺刻，是鉴别小家鼠的主要特征之一。

小家鼠是一种家野两栖鼠种，在北京全境均有分布，有季节迁移现象。喜在箱柜、抽屉、杂物堆、地板下、墙壁等处栖息，常以破布、棉絮等柔软物质铺垫做巢。小家鼠也可长期生活在野外，喜干旱环境，是山前台地等环境的优势鼠种，近些年已成为北京农田第一优势鼠种。北京地区每年生 4 ~ 7 胎幼仔，每胎 2 ~ 10 只。

6. 社鼠（*Niviventer confucianus*）

别名山耗子、北社鼠、白尾鼠、硫黄腹鼠。体型中等，体形细长。吻较长。体重 45.0 ~ 150.0 g。成体体长 115 ~ 145 mm。耳大而薄，前折可遮盖眼睛。尾很灵活，大于或等于体长。乳头 4 对，胸部和腹部各 2 对。体背棕褐色，背中央毛色较深并杂有少量白色针毛。腹毛白色而带硫黄色，背腹毛界线明显。尾毛背面棕色，腹面及尾端白色，尾端毛较长。

社鼠分布在北京的房山、门头沟、延庆、怀柔、昌平、密云、平谷等地，是低海拔山区常见的野鼠，栖息在山地多岩石处的树丛、灌木丛及杂草间，山区丘陵梯田也有。杂食性，多在山腰或山麓活动，也可进入附近的农舍、场院觅食。春末夏初为繁殖盛期，每胎平均产仔 4 ~ 6 只。

7. 大仓鼠（*Tscherskia triton*）

别名齐氏鼠、大腮鼠、大搬仓。体型较大，外形与褐家鼠相近。体重 13.4 ~ 253.7 g，体长 85 ~ 220 mm，尾长 34 ~ 125 mm，约是体长的一半。头钝圆，吻短，口腔中有非常发达的夹囊。耳壳短，圆形，有狭窄的白色边缘。背部毛色多呈灰褐色，毛基灰黑色，毛尖灰黄色，随年龄的增长，黄褐色调变浓。腹部毛白色或污白色。尾毛暗色，尖端毛常为白色。后足背部毛白色，脚掌裸露。

大仓鼠是一种野栖鼠种，在北京全境都有分布，20 世纪 80—90 年代是北京农田第一优势鼠种。栖息于农田、山地、荒地、仓库、设施保护地，喜食多种植物的种子，也取食昆虫和植株绿色部分。周年活动，冬季洞外活动偏少。秋季有贮粮习性。北京地区每年繁殖 3 ~ 4 胎，平均每胎产仔 9 只，最高单胎产仔 17 只。

8. 黑线仓鼠（*Cricetulus barabensis*）

别名纹背仓鼠、搬仓子、小仓鼠、腮鼠。体型较小，体重 9.5 ~ 51.5 g，体长 62 ~ 121 mm，尾长 14 ~ 31 mm，约为体长的 1/4，长于后足。吻短，颊部有颊囊。背毛黄褐色或灰褐色。背中央有一黑色纵纹。颏下、四肢内侧及腹部均为灰白色，背腹间毛色分界清晰。

黑线仓鼠是一种野栖鼠种，在北京全境均有分布，偏沙性地块鼠密度较高。栖息在田埂、林间空地、田间荒地等处。喜食作物种子，不冬眠，有冬季贮粮习性，盗食并贮存大量的粮食。繁殖期在 3—10 月，繁殖高峰期在 5 月和 9 月，每年产仔 4 ~ 5 胎，每胎产仔 4 ~ 8 只。

9. 长尾仓鼠（*Cricetulus longicaudatus*）

别名灰搬仓、长尾巴搬仓。外形与黑线仓鼠相近，区别是尾巴较长，背中央没有黑色条纹。成体体长 80 ～ 135 mm，尾长 35 ～ 48 mm。后足长 11 ～ 17 mm，小于或等于尾长 1/2。有颊囊，乳头 8 个。背毛从吻端至尾端均为灰棕色，毛基深灰色。颊部、腹部及四肢内侧毛尖白色，毛基灰色。耳壳内外侧均被黑色短毛。后足腹面裸露，足背白色。

长尾仓鼠是一种野栖鼠种，分布在北京延庆地区。栖息在山前台地的林荒地、草甸、灌丛中。以植物种子为食，也吃昆虫及植物的绿色部分。每年繁殖 2 胎以上，每胎产仔 5 ～ 9 只。

10. 棕色田鼠（*Lasiopodomys mandarinus*）

别名北方田鼠、维氏田鼠。体型较小，成体体长 97 ～ 113 mm。尾短，约为体长的 1/5，尾毛厚而长，毛色较深。头和体背为浅棕色至黄褐色，杂有黑色毛。腹部毛尖白色，毛基深灰色。雌鼠具乳头 2 对。

棕色田鼠是一种野栖鼠种，分布在门头沟地区。栖息在草原和山地丘陵区，喜居住在松软潮湿的土壤和植被良好的环境中。为群居型鼠类，主要营地下生活，多以植物根部及绿色部分为食。善挖洞，巢穴结构复杂。有堵洞习性，在繁殖季节，地面上会有许多小土丘。每年繁殖多次，每胎产仔 4 ～ 6 只。

11. 棕背䶄（*Myodes rufocanus*）

别名红毛耗子、山鼠。棕背䶄的体型较粗胖，体长约 100 mm。耳较大，大部分隐于毛中。四肢短小，毛长而蓬松。后足长 18 ～ 20 mm，跖下被毛，足垫 6 个。尾短而细，尾长约为体长的 1/3，尾毛较短。背毛从额、颈、背至臀部均为红棕色，毛基灰黑色，毛尖红棕色。头部在眼前及吻端为灰褐色。体侧毛黄灰色，腹毛污白色，腹部中央略微发黄。

棕背䶄是典型的森林野鼠，在北京的延庆、房山、怀柔等地均有分布。栖息在山地丘陵针阔混交林、落叶阔叶林、高山草甸，喜在湿度大，土质疏松的坡地做穴。杂食性，植物性为主，也取食小型动物和昆虫。晚春及夏季喜食植物的绿色鲜嫩组织，冬季及早春以种子、树皮为食。繁殖期在 4—9 月，繁殖高峰期在 5—7 月。每年繁殖 3 ～ 4 胎，每胎产仔 6 ～ 8 只。

12. 子午沙鼠（*Meriones meridianus*）

别名中午沙鼠、黄尾巴沙鼠。体型中等，比长爪沙鼠略小。成体体长 100 ~ 154 mm，尾长 84 ~ 120 mm，尾长接近或略短于体长。耳较大，耳壳伸出毛外，前折可达眼部。体背从头部到尾基均为沙棕色，毛基暗灰色。腹毛为纯白色。尾背毛沙棕色，尾端毛色黑色或黑褐色。

子午沙鼠是一种野栖鼠种，在北京延庆、房山等地都有分布。栖息在荒漠草原、山地丘陵地区，喜居杂草灌木丛生的沙地。子午沙鼠是群居型鼠种，不冬眠，以植食性为主，如种子、植物茎叶及少量昆虫，有越冬贮粮习性。每年繁殖 3 胎，每胎产仔 5 ~ 6 只。

13. 东北鼢鼠（*Myospalax psilurus*）

别名地羊、瞎佬、盲鼠。体型粗圆，体长在 240 mm 以下。头吻宽扁，眼极小，尾短且细。前脚掌宽大，爪发达呈镰刀状，其中第三趾的爪最长且粗壮，适于打洞和在洞穴内行走。背毛浅灰棕色，毛基灰色。额部中央有一白斑。腹毛浅灰白色，尾与后足均为白色。

东北鼢鼠是一种营地下生活的野栖鼠种，在北京全境都有分布。栖息于土质松软的平原开阔地区的农田、田间荒林、河滩等地，不冬眠，长期生活在洞内，听觉特别灵敏。北京地区每年的 4—5 月和 9—10 月为其活动高峰，其生活的地方会出现大量的新土丘，主要是进行交配、采食和储粮活动。每年繁殖 1 胎，繁殖期在 4—6 月，每胎产仔 2 ~ 4 只。

14. 中华鼢鼠（*Eospalax fontanierii*）

别名瞎佬、原鼢鼠。体型粗大，成体体长 160 ~ 265 mm。吻短，眼小，耳小，藏于毛中。尾较长，长 30 ~ 71 mm，约为体长的 1/4，尾毛稀疏裸露。额部中央通常有一小的白斑点。前足爪较短，第二和第三趾的爪近等长。体背毛银灰色或浅棕色，并带有明显的锈红色。腹部毛灰褐色。足背及尾毛为白色。

中华鼢鼠是一种营地下生活的野栖鼠种，在北京房山、延庆等地有分布。喜栖息在高山草甸湿润松软的土壤中。终生营地下生活，不冬眠。喜食植物地下部分、树根及植物茎叶，有越冬贮粮习性。每年有两个活动高峰期，4—5 月和 9—10 月，期间土丘数量急剧增加。中华鼢鼠每年繁殖 1 ~ 2 胎，每胎产仔 3 ~ 7 只。

15. 岩松鼠（*Sciurotamias davidianus*）

别名扫毛子、石老鼠。体型较大，体长 190 ~ 250 mm。耳较长，顶端无毛丛，具颊囊。尾略短于体长。背部及四肢外侧均为黄褐色，毛基灰色。腹毛浅黄白色。眼眶周边有白色圈。尾毛蓬松，尾背毛色近体背色，尾尖为白色。

岩松鼠是一种野栖鼠种，在北京境内山区有分布。喜栖息在山区岩石较多的地区，在石缝中筑巢，有时也会到山区的农户家中为害。喜食坚果、胡桃、栗子、杏仁，不冬眠，有贮粮习性。每年繁殖 1 次，每胎产仔 2 ~ 5 只。

16. 花鼠（*Tamias sibiricus*）

别名五道眉、花狸棒、花栗鼠。体型中等，体长 123 ~ 150 mm。尾长约 100 mm，短于体长的 3/4。有颊囊。耳小，耳端无丛毛，耳廓黑褐色，边缘白色。头顶部或肩部后延伸至臀部。尾毛蓬松，呈帚状，尾端毛较长。后足掌被毛，无掌垫，具指垫。

花鼠是一种野栖鼠种，在北京山区有分布。栖息平原、丘陵、山地的针叶林、阔叶林、针阔混交林以及灌木丛较密的地区，兼营地栖和树栖生活，可在地下掘洞栖息，也可在树洞、岩石缝做巢。喜食坚果、树种、浆果、作物种子及幼苗。有越冬贮粮习性。每年繁殖 1 胎，每胎产仔 5 ~ 8 只。

17. 达乌尔黄鼠（*Spermophilus dauricus*）

别名草原黄鼠、蒙古黄鼠、大眼贼。体型中等，较粗壮，体长 165 ~ 268 mm，眼大，耳廓退化。尾短，小于体长的 1/3。背毛黄褐色，杂有黑褐色调，体侧毛沙黄色。额及头顶毛黄褐色，有颊囊。眼周有细的白圈。体侧、腹毛沙黄色，尾背中央有黑色毛斑。前足掌裸露，后足蹠部被密毛。前爪较后爪发达，爪黑色。

达乌尔黄鼠是一种野栖鼠种，在北京昌平、延庆等地有分布。喜栖息在草原地带，喜食植物绿色部分，也取食种子、昆虫。昼行性鼠种，冬眠，9 月末至 10 月初入蛰，翌年 3 月、4 月出蛰。每年繁殖 1 胎，每胎产仔 5 ~ 8 只。

18. 复齿鼯鼠（*Trogopterus xanthipes*）

别名橙足鼯鼠、黄足鼯鼠、寒号鸟、寒号虫。体型较大，体长 250 ~ 340 mm。眼眶四周成黑圈。尾稍扁，与身体等长。背毛黄褐色，毛基灰黑色，毛尖淡黄色。腹毛灰白色，毛尖浅橙黄色，背腹分界明显。前后肢之间有飞膜，飞膜灰白色。耳前侧及吻部呈橘黄色，耳基部有毛丛。尾端黑色，尾腹面有一黑色纵纹。

复齿鼯鼠是一种山地野栖鼠种，在北京怀柔、密云、门头沟、房山等地有分布。喜栖息于海拔 1 200 m 左右的山地柏树林区，在陡峭的石洞、石缝、树洞筑巢，冬季穴口经常以柴草封闭。不冬眠，有在固定位置排便的习惯，粪便是中药五灵脂。植食性，以侧柏、油松的树叶、皮、籽仁及山桃、杏的核仁为主要食物，也采食其他植物的叶、皮和果。每年春季繁殖 1 胎，每胎产仔 1 ~ 3 只。

19. 沟牙鼯鼠（*Aeretes melanopterus*）

别名黑翼鼯鼠，为中国特有种。体型较大，体长 305 ~ 310 mm，尾长 330 ~ 343 mm，尾长大于体长。耳正常，耳基无毛丛。头部中央棕灰色，吻鼻周围浅黄褐色。背毛沙灰棕色，毛基深灰色，毛尖黑色。腹面中央污白色，体侧及飞膜棕红色。尾粗大扁平，尾毛发达且向两侧分列生长。夜行性，以滑翔和攀爬结合交替活动。每年繁殖 1 胎，每胎产仔 2 ~ 4 只。

沟牙鼯鼠是一种山地野栖鼠种，在北京房山、密云等地有分布。喜栖息在山地针阔混交地带，在高大乔木的树洞中做巢。植食性，喜食冷杉针叶、坚果，也吃蘑菇、昆虫。

20. 鼩鼱（*Sorex araneus* Linnaeus）

别名尖嘴鼠、食虫鼠、臭老鼠。鼩鼱属食虫目鼩鼱科（Soricidae）。鼩鼱科包括麝鼩亚科（Crocidurinae）和鼩鼱亚科（Soricinae）两个亚科，约 20 属 200 余种，除极地、大洋洲和一些大洋岛屿外，各大陆均有分布，中国境内有 10 属 24 种。

鼩鼱是一种野栖的鼠形动物，在北京山区均有分布。体型较小，体长 4 ~ 6 mm。尾较长，大于体长的一半。吻长且尖，前端形成吻突，背毛黑色，尾毛稀疏，环状磷明显。喜食蚯蚓、昆虫。每年繁殖 1 ~ 2 胎。每胎产仔 4 ~ 8 只。

第三章 鼠情监测与预测预报技术

鼠情监测的目的是解决有没有必要开展防控的问题，并为鼠害防控提供科学指导。鼠情监测主要是通过随机抽样方式完成，通过监测了解不同农区环境害鼠数量有多少、有哪些鼠种、哪个鼠种是优势鼠种、各个鼠种的繁殖状况，在此基础上，分析害鼠种群结构、害鼠种群年龄结构、繁殖力，结合耕作制度、气候等因素进行分析预测害鼠种群的消长趋势，为是否开展鼠害控制提供依据。同时通过鼠情监测也能了解害鼠的分布特点和发生规律，为制定科学的鼠害控制措施提供指导。

第一节 鼠情监测方法

鼠情监测方法很多，监测技术也随着科技的进步而不断发展。近些年，许多先进的技术被引入到鼠情监测中来，如卫星遥感技术、红外照相技术、电子追踪技术、物联网智能监测技术等，从而使害鼠监测逐步向可视化、数字化、时时化方向发展，鼠情监测水平也在不断提高。目前可用于鼠情监测的方法很多，如样方捕尽法、夹捕法、地箭法、围栏陷阱技术（TBS）、标记重捕法、粉剂法、食饵法、计数洞口（土丘）法、无线电遥测技术、物联网技术、电子标签技术、红外相机监测技术等，这些监测方法各有优缺点，都是对调查样方内鼠的相对数量的反映，并在一定范围内有所应用。

不管哪种监测方法，都是通过抽样的方式进行的，按照害鼠样本是否重复参与抽样的标准进行划分，鼠情监测可分为消去式抽样方法和重复式抽样方法。消去式抽样是指抽取的害鼠样本不再参与下一次抽样的取样方法，如夹捕法、地箭法、围栏陷阱技术（TBS）等。消去式抽样方法效果直观，获得的信息量大，可获得鼠种、鼠密度、害鼠繁殖状况、害鼠种群结构、季节性变动和分布规律等信息，但由于抽取的害鼠样本不再参与抽样，易对害鼠种群造成不同程度的扰动，使监测值低于实际密度。当鼠密度较大时，这种扰动影响可忽略不计，当鼠密度较低时，扰动影响加大，具体表现就是使长期监测结果出现忽高忽低现象。重复式抽样方法是指抽取的害鼠样本可重复参与本次抽样或多次抽样，如标记重捕法、粉剂法、食饵法、计数洞口（土丘）法、物联网智能监测技术、红外相机监测技术等。重复式抽样方法一般不如消去式抽样方法效果直观（除物联网智能监测技术、红外相机监测技术），获得的信息量相对较少，只能获得鼠种、鼠密度、体重等信息，物联网智能监测技术、红外相机监测技术还能获得害鼠活动信息，但都无法得到害鼠的繁殖信息。由于同一个害鼠样本可能反复参与抽样，会导致监测的鼠密度偏高。另外，当鼠密度达到一定数值后，用粉剂法、食饵法等调查时，其结果就会达到百分之百，已无法再比较鼠密度差别了。

每种监测技术都有其优缺点和适用范围，有的监测方法普遍用于防控实践，有的监测方法则主要用于科学研究。实践中最好能够同时运用 2 ~ 3 种监测方法，相互比对，以便能更好地反映出当地的害鼠发生实际情况。具体选择哪些监测方法，可根据不同的农区环境，结合当地的鼠害发生特点及财力情况进行选择。为帮助大家了解这些监测技术，下面将对主要的鼠情监测方法做具体介绍。

一、样方捕尽法

用鼠夹或地箭将样方内害鼠捕尽的调查方法，一般一个样方面积为 0.5 hm²。当天布放，次日调查，连续布放至鼠捕尽为止。捕鼠总量除以调查样方面积，即为该地区单位面积内鼠的绝对密度值，以只 /hm² 为单位。这种调查方法虽然结果比较准确，但费时、费工，很难大范围推广应用，一般仅限于科研部门使用。

二、夹捕法

夹捕法是指将规定数量的鼠夹在样方内放置一昼（夜）捕获的鼠的数量，又称夹夜法或夹日法，以百夹捕获率代表样地鼠的相对密度。对夜行性鼠种一般是晚布晨收，使用的鼠夹灵敏度控制在 4 ~ 5 g，以花生米、瓜子、薯块等鼠类喜食的食物作饵料，采用平行条带式、对角线式或棋盘式等方式设置夹线。棋盘式布夹方式虽然捕鼠效果好，但比较费工，实际监测时很少应用。在常用的平行条带式、对角线式两种布夹方式中，北京市夹捕法鼠情监测时主要还是使用平行条带式布放方式。在采用平行条带式布夹方式调查时，为避免相邻夹线间互相干扰，要求相邻夹线间距应在 50 m 以上。布放鼠夹时，夹距 3 ~ 5 m 捕鼠效果最好。夹捕法以夹捕率代表样地的相对鼠密度，其计算公式为：

$$夹捕率（\%）= \frac{捕鼠数量}{（有效夹数 \times 布夹日数）} \times 100$$

夹捕法操作简便，调查所需开支小，被广泛应用于农田鼠害监测及小范围农区环境的鼠害控制中，用于监测营地上活动鼠种发生情况，适用于各种农田环境。夹捕法监测可获得优势鼠种、害鼠的种群结构、年龄结构及害鼠的繁殖状况等大量信息，同时可以比对不同样地间监测结果。夹捕法也存在明显的缺点，就是其监测结果易受调查样本量、鼠夹灵敏度、夹线位置、监测人员的布夹水平、种群密度、鼠体大小、天气等多种因素的影响，从而使监测结果差异较大。

三、围栏陷阱技术

围栏陷阱技术（简称TBS）是利用鼠类具有的沿障碍物行走的习性，通过设置屏障及在屏障下设置陷阱捕获害鼠的一种物理控鼠技术。TBS起源于东南亚水稻种植区，引进国内后，在多个省份进行了示范，捕获了大量害鼠。在多年示范推广中，TBS布放方式也得到了进一步改进，由传统封闭式TBS布放方式改进成线形TBS布放方式，并取消了诱集作物的种植，为更大范围推广应用提供了依据。TBS可用于监测，也可用于防控。TBS用于监测时捕鼠效果要优于夹捕法：一是捕鼠的种类多，有些鼠种是夹捕法很难捕获的；二是幼鼠的捕获量比夹捕法高。TBS监测方法由于是长期布放，可持续捕鼠，因此，获得的信息量要高于夹捕法，但其也存在一定的缺点：一是长期布放对种群的扰动较大；二是调查频繁，需要大量人工，同时在长期的应用中，还需要进行维护和除草；三是捕获无差别，在捕鼠的同时，也会误捕黄鼬、刺猬、蛇、青蛙及幼禽等；四是较常规监测方法，目前应用成本还是比较高。

四、标记重捕法

标记重捕法是将捕获部分个体采用耳标、切趾、染色等标记后放回调查样地，经过一定时间后进行重捕的调查方法。是以重捕样本中标记样本的占比等于重捕样本数与样地中动物总数的比值来估算样地中动物的总数，其计算公式为：

$$样地总数 = \frac{样地标记总数 \times 重捕个体数}{重捕样本中的标计数}$$

这种监测方法结果比较准确，但费时、费工，成本也比较高，实际监测中很难应用，主要用于科学研究领域，是一种用于调查鼠类种群或群落的监测方法。

五、粉剂（食饵）法

粉剂法是在样地内鼠类活动通道设置一定数量的粉块，以有效粉块（有鼠迹的粉块）率代表样地鼠的相对密度的调查方法。一般粉块大小为20 cm × 20 cm，厚0.2 ~ 0.3 cm，粉块间隔5 m，一般每块样地每次布粉100 ~ 300块。粉剂法操作简便，省钱、省工，多用于室内、设施、养殖场等环境调查鼠害，若与可拆分的塑料毒饵站配合使用，便可在所有农田环境使用。粉剂法调查也有一定的缺点：一是在温室等潮湿环境使用时，易受水滴的影响而影响监测结果；二是当鼠密度很高时，监测结果就不再有差别。其计算公式为：

$$阳性粉块率（\%） = \frac{阳性粉块数}{（总粉块数 \times 布粉日数）} \times 100$$

将粉剂法中的粉块换成食饵，即为食饵法，其布放方法和计算公式与粉剂法相同。调查用的食饵应该是鼠类喜食的食物，如花生米、瓜子、甘薯丁、苹果丁等。食饵法调查可用于农区所有环境的调查，特别适用于低密度下的鼠害监测，但在室外监测时，应避免其他动物干扰。

六、计数洞口（土丘）法

计数洞口法是沿样地地边或沟渠行走，计数所见鼠洞并用土块封口，次日计数盗开的洞口数，以有效洞口率估算样地相对鼠密度的调查方法。计数洞口法省时、省工，操作简便，可用于地上活动鼠种及防治效果调查使用。但此种调查方法也存在一定的不足，如对于群居性的鼠种调查时，监测结果会偏低。其计数公式为：

$$有效鼠洞率（\%） = \frac{有效鼠洞数}{总鼠洞数} \times 100$$

计数土丘法是计数单位面积样方内土丘的个数，以估计地下生活鼠种相对密度的调查方法，如鼢鼠、麝鼹等。计数土丘法操作简单，但由于一个地下害鼠会形成多个土丘，因此，监测结果会出现偏高的现象。

七、无线电遥测技术

无线电遥测是一种对动物进行远距离定位和测定有关参数的一种技术。无线电遥测仪由无线电发射器、接收机和天线系统组成。接收器通过天线系统接收安装在动物身上，由无线电发射器发出的固定频率信号，从而标记出动物所在位置。用于研究害鼠种群的消长及进行害鼠行为学研究，获得的信息量比较大，但成本比较高，主要用于科学研究领域。

八、物联网智能监测

物联网智能鼠害监测技术是以物联网技术为基础，系统集成大数据技术、数字图像处理技术、无线传感技术、模式识别技术和数据可视化技术，硬件上结合基于深度学习的嵌入式技术，可实现对样地害鼠的实时、可视化监控，并提供数据分析和风险评估，通过手机或台式机就可随时查看本地的鼠害发生情况，目前已在全国多个省份应用。该监测方法省时、省工，效果直观，代表着鼠情监测未来的发展趋势。但也存在一些不足：一是造价比较高，目前还不能取代夹捕法而大范围推广应用；二是监测设备易受布放位置影响，监测结果波动较大；三是在应用方面还需要进一步完善，如单个设备代表面积，每个样地需要布放几个设备，与夹捕率如何折算等。

第二节　夹捕法监测技术

为进一步提升北京市农区鼠情监测技术水平，近些年，先后引进了 TBS 技术、D2E 鼠情智能监控系统、物联网鼠害智能监控系统，在林地、设施园区、畜禽养殖场等农区环境进行了示范，并取得了一定的效果。特别是物联网鼠害智能监控系统引入，使农区鼠情监测实现了数字化、可视化、实时化，同时有效降低了监测人员技术水平对监测结果的影响，减少了调查用工和用车，这项技术可以说代表着农区鼠害监测未来的发展方向。尽管这些新技术具有一定的先进性，但由于需投入的成本过高，目前只能在小范围进行示范，对于本就没有专项资金支持的农区鼠害监测来说仍是任重道远的事情。当然这些先进的监测技术仍会在局部环境得到应用，如用于鼠传疾病疫源地、鼠灾重发区、城市地下管道等环境的鼠情监测，也可作为常规监测方法的佐证，以获得常规监测方法不能获取的信息。在无法全面推广应用这些先进监测技术的情况下，夹捕法作为通用的农区鼠害监测方法在未来很长的时间内仍是主要的监测方法，特别是在繁殖力信息的获取方面，是其他监测方法无法替代的。夹捕法具有操作简单、成本低的优点，可在区域内广泛布控，从而能更全面地掌握全境鼠害发生情况。

夹捕法看起来很简单，但也不像有些人想象的那样随便一放就行了。因为害鼠在农区环境中呈不均匀的聚集性分布，这就使得样地中害鼠极不均匀，造成有些区域害鼠较多，有些区域害鼠较少或没有害鼠，如果随意布放鼠夹，就有可能捕获不到害鼠，即使能捕获害鼠，也不能反映出样地害鼠发生的实际情况，达不到监测的目的。在采用夹捕法进行监测时，监测结果会受到监测人员的技术水平、鼠密度大小、夹线位置、鼠夹灵敏度、鼠夹踏板朝向、耕作制度、气候条件等多因素的影响，或多或少会影响监测结果的准确性。

在实际鼠情监测中，监测人员既要参照农区鼠害监测的行业规范或地方规范进行操作，又要根据调查样地的害鼠发生特点，结合耕作制度、气象因素，合理设定夹线，适当调整鼠夹灵敏度，只有这样才能保证鼠情监测结果的准确性。但即使如此规范操作，有时也会因为判断失误，而出现捕不到害鼠的情况，造成前后监测结果大幅度波动的现象。出现这种情况很正常，但有经验的监测人员会对调查结果进行分析，并在下一次调查时对夹线位置进行适当地调整，以验证原来的调查结果是否可信。笔者在做平原和山区鼠情调查时就出现过这种情况。一次是 2002 年在昌平区兴寿镇一块苜蓿田进行系统监测时，按照以往经验，优先在地边和地中大的排水渠处设置夹线，但连续两个月都未捕获到害鼠。第三个月进行了一些调整，将 1 条夹线设置在田间作业道，当天的捕获率达到 7%。另一次是 2004 年在延庆区蓝鸟沟调查林荒地害鼠时所选样地是山坡下的一块撂荒白地，按照以往的经验，将夹线设置在坡下地边，连续两次未捕获到害鼠，第三次将夹线设置在距离白地不到 20 m 的坡上灌木林中，30 夹捕鼠 6 只，之后每次调查都调整到林地中，结果每次都能捕获到害鼠。从这两次调查经历来看，最初的设置夹线位置并不算错，但为什么前后捕获率差异那么大呢？究其原因，都是对害鼠活动规律的理解片面、考虑因素不全面造成的。不管是哪种农区环境，对于害鼠种群而言，最重要的 3 个影响因素就是食物、栖息地和联系二者的通道，无论是进行监测还是进行害鼠控制，只有抓住这 3 个因素就能做到有的放矢。在前面的调查失误中：一是栖息地判断有误，苜蓿田地边和排水渠一般是害鼠喜欢栖息的地方，但调查地块的地边和排水渠杂草很少，不利于害鼠隐藏，而苜蓿属多年生植物，多年不进行翻耕，人为扰动小，且植株郁蔽，适合害鼠栖息和取食；二是食物源判断有误，山区白地捕不到害鼠是因为白地中缺少食物，害鼠很少光临，而林地中有树籽、食用菌、昆虫等，食物丰富，且适宜的栖息地多，适合害鼠发生。可见，夹线位置对监测结果影响很大。

除了夹线设置会影响捕获率外，天气变化、鼠夹灵敏度等也会对捕获率构成影响，如降温、小雨时，害鼠捕获率会增加，这可能是因害鼠急于取食而放松戒备造成的；鼠夹灵敏度过低时，就会出现害鼠吃掉饵料而捕不到害鼠的现象，而鼠夹灵敏度过高时，空翻的鼠夹就会增多，捕获率也会降低。总之，一名合格的监测人员应该能够根据样地的环境判断出害鼠的栖息地、食物源，选择正确的夹线，并根据环境及天气适当调整鼠夹灵敏度，从而保证监测效果。而要想成为一名合格的鼠情监测人员就要不断地学习相关知识，并在实践中不断提高自己的专业技术水平。

近些年，由于受某些因素影响，农区鼠情监测工作也受到一定影响。有些地方无法正常开展鼠情监测，或即使能开展监测常年也捕不到害鼠，不能反映出当地的鼠害发生实际情况，失去了监测的意义。有些地方更换了监测人员，一些尚未具备专业技术能力的人员加入监测队伍中来，在增加了新鲜血液的同时，也使得监测技术水平参差不齐，无法保证监测结果的准确性。为此，急需开展监测人员技术培训，让监测人员了解和掌握正确的夹捕法鼠情监测技术，进一步提高农区鼠害监测的准确性。

一、夹捕法有几种监测方式

鼠情监测是农业技术部门的基本职能之一，得到了各级农业技术部门的高度重视。全市农区鼠害监测从 1986 年开始，一直延续至今。在这几十年的监测实践中，主要采用了普查和系统调查两种调查方式，其中普查又包括季节性调查和长期调查。

普查方式只做基本的调查，而不进行鼠样本的体外测量和解剖，获得的信息量较少，如鼠种、夹捕率、性比、种群逐月变化规律等。季节性调查一般是在春、秋两季进行，通过调查可以掌握辖区鼠害发生情况和越冬基数；长期调查是在每年的重点时段或全年开展调查，如农田在每年的 3—11 月；畜禽养殖场、水产养殖场在每年的 1—12 月，每月定期调查一次，通过调查可以了解辖区鼠害发生情况及害鼠种群的逐月变化规律。系统调查与长期调查在调查时间上是一致的，但会对捕获的鼠样本进行体外测量和繁殖状况调查，通过调查可以掌握农区鼠害的发生情况、逐月变化情况、种群年龄结构、繁殖情况，以便更好地预测来年的鼠害发生趋势。

系统调查方式需要对捕获鼠样本进行体外测量和解剖，获得的信息量比较多，除普查方式获得的信息外，还能获得种群的年龄结构和繁殖力等信息。系统调查方式虽然可以获得更多的信息，但因鼠情监测具有一定的危险性，再加上财力和人力的限制，也不能在农区鼠情监测中全面应用。

在近些年的鼠情监测中，在确保全面掌握鼠情信息的基础上，尽量采取相对安全的监测方式，以规避鼠情监测中的风险，减少监测人员与害鼠的接触机会。目前全市农田、畜禽养殖场、水产养殖场等农区环境的鼠害监测主要采用长期调查方式，并辅以少数系统调查方式。

二、怎样合理选择调查样地

夹捕法监测是一种随机抽样方法，被调查的地块、养殖场称为样地或样方。监测调查时，样地的数量越多，监测结果的可靠性就越高，但由于精力和财力的问题，一般选择样地数有限。那么，怎样才能使有限的样地更好地反映出辖区鼠害发生水平呢？也就是该如何提高样地的代表性。要做到选择的样地具有很高代表性，就需要广泛收集相关信息，在此基础上再结合害鼠的发生特点做出判断。不同的农区环境，参考的因素不同。

1. 农田选择样地

主要参考的因素包括地势、作物种类及面积、种植方式、管理水平等，凡是能够引起害鼠数量、种类和分布变化的因素均可作为选择依据。山区、半山区确定样地时，首先就需要考虑地势差异，一般将地势分为平地和坡地，并根据两种地势所占面积确定各自样地的数量。其次（包括平原区）是参考辖区内主栽作物种类、面积及种植方式，一般会优先选择种植面积较大的 1 ~ 2 种作物田作为样地，并根据其对应的面积确定样地的数量。在确定了监测的作物后，还要考虑此种作物的种植管理方式，是免耕还是翻耕，是渠灌还是喷灌，是露地蔬菜还是设施蔬菜，是春秋棚还是阳畦或温室，原则上每种种植方式都要设置调查样地。但实际监测时，受各种因素限制，所能完成的监测数量有限，主要按照作物进行划分，包括旱作粮田、水田、果园、林荒地、设施园区、饲草药材田等几种类型，监测人员可根据样地选择依据并结合辖区的实际情况进行筛选。

2. 养殖场样地

主要参考的因素包括管理水平、饲喂方式等，一般每种类型要设置 1 ~ 2 块样地。

养殖场按照管理水平，可划分为精细管理和粗放管理两类，其鼠害发生会存在很大差异：精细管理的养殖场一般设施完善、环境整洁，适宜的害鼠栖息地少，鼠害发生相对较轻；粗放管理的养殖场一般比较简陋，环境较差，害鼠栖息地多，害鼠发生较重，且害鼠种群数量恢复较快。

按照饲喂方式，养殖场可划分为精料饲喂和草料饲喂两种类型：精料饲喂是指主要以粮食为饲料的养殖方式，如猪场、鸡鸭鹅场、鸽场、狗场、渔场等，食物充足，利于害鼠发生；草料饲喂是以牧草饲养为主的饲养方式，如牛场、羊场、兔场等，食物相对较少，害鼠发生较轻。

因此，在设置养殖场调查样地时，应兼顾管理水平和饲喂方式进行设置，以便了解不同类型养殖场鼠害发生情况，分类指导鼠害防治。

三、怎样合理设置夹线

什么是夹线呢？夹线是指一定数量的鼠夹在调查样地中按照一定的方向、间隔顺序布放所形成的调查区域。在实际调查中，一般以 50 个鼠夹设置一条夹线，每块样地每次调查需设置 2 ~ 3 条夹线。不同的夹线间可采用平行线式、棋盘式和对角线式 3 种排列方式。据中国农业大学鼠害实验室的研究结果显示，对角线布夹方式捕鼠效果要优于平行条带式。平行线式布放方式是各条夹线平行排列，每条夹线将一定数量的鼠夹按直线或曲线的呈现形式进行布放，此种布夹方式是目前北京市农田和养殖场最常用的调查方式，为减少夹线间相互干扰，相邻夹线间隔应在 50 m 以上。棋盘式布放方式是将鼠夹布放在等距离的一组平行线上，形似棋盘，此种布夹方式的调查结果更准确，但所需工作量较大，一般的鼠情监测很少应用；对角线式布放方式是将鼠夹布放在样地的两条对角线上的布放方式，捕鼠效果比平行线式布放方式好，但在麦田、豆田、苜蓿、玉米等作物田调查时，苗期调查还可以，封田后调查就增加了难度，因为布夹和收夹比较费工。

实际调查时，虽然都是采用平行线式布放方式，但为什么有的人能捕到鼠而有的人捕不到鼠，有的人捕鼠数量多而有的人捕鼠数量少呢？究其原因是样地中害鼠分布不均造成的。在自然的农田生态系统中，害鼠呈不均匀的聚集分布，且不同害鼠种类有其自己的领地，虽然害鼠每天的活动量不小，但害鼠每天实际活动范围很小。同时，不同耕作方式也会影响害鼠在田间的分布。表3-1是2003年6—10月顺义和昌平两个区对苜蓿田害鼠分布的调查统计表。两个区调查时分别在地中和地边（距样地边缘50 m范围内）各设置了一条夹线，每条夹线布放50个鼠夹。调查结果可以看出5块苜蓿田地中夹线捕鼠数均明显高于地边捕鼠数，累计捕鼠数比地边多37只。在昌平区百善苜蓿地甚至出现地边捕获不到害鼠的情况，而地中却累计捕获13只，可见夹线位置不同对捕获率影响是非常大的。出现这种结果，是因为苜蓿是多年生作物，一次播种能收获几年，中间没有翻耕等农事操作，鼠穴不会被破坏，且田间郁蔽，利于害鼠取食和躲避天敌，因此，造成田中害鼠偏多的现象。

表3-1　顺义区和昌平区2003年苜蓿田鼠害分布情况调查

地点	调查时间（月份）	地边捕获量（只）	地中捕获量（只）
顺义区西马坡	6—10	6	12
顺义区河南村	6—10	2	4
顺义区杨各庄	6—10	14	26
昌平区香屯	6—10	2	6
昌平区百善	6—10	0	13
合计		24	61

苜蓿田害鼠分布虽然呈现地中分布高于地边现象，但不是所有农田都是如此，如麦田鼠害分布就与苜蓿田不同。表3-2为2005年4月在通州区麦田进行不同投放方式控鼠效果试验时的数据。试验设溴敌隆毒饵站，毒饵站加地中均匀条带投药，均匀条带式投药，空白对照4个处理，每个处理面积33 350 m²，不设重复。投药后5 d、15 d检查每个毒饵站及投饵堆饵料消耗情况。通过对毒饵消耗调查结果分析，可以看出试验麦田地边（距样地边缘50 m范围内）和地中害鼠取食的点数和取食量存在一定的差异，去除投药总点数的差异，地边取食点数率和取食率分别比地中高12.9%和76.2%，由此说明麦田地边的鼠密度要高于地中，害鼠主要分布在麦田近地边区域。

表 3-2 毒饵站毒饵消耗调查

通州区麦田：2005 年

投饵位置	总点数（个）	取食点（个）	平均取食点率（%）	比地中增加（%）	总取食量（g）	平均取食量（g）	比地中增加（%）
地边	315.0	66.0	21.0	12.9	1161.0	3.7	76.2
地中	97.0	18.0	18.6		203.0	2.1	
合计	412.0	84.0	39.5		1364.0	5.8	

设施园区与露地不同，露地生产有季节性，而设施园区可以周年进行生产，食物丰富，利于害鼠发生，鼠种也比较多，既有野栖鼠种，也有家栖鼠种，季节性迁移为害频繁，是农田鼠害防控的重点区域，也是农田鼠害重点监测的区域。但近些年随着北京市农田鼠密度的整体下降，传统的夹捕法已很难捕获害鼠，但害鼠为害却时有发生。对此北京市加强了设施园区的控鼠工作，引入了 TBS 物理控鼠技术，采用外围封闭围栏在设施园区开展了控鼠示范，在捕鼠调查中发现示范园区不同的方位捕鼠存在一定的差异。表 3-3 为 2015—2017 年平谷区绿水峡谷设施园区 TBS 的捕鼠数据，从中可以看出，园区的不同方位捕获的害鼠数量存在较大差异，其中园区的东面和北面捕鼠数和平均捕获率较高，西面和南面捕鼠数和捕获率相对较低。究其原因是园区周边环境不同造成的，园区四周都是果园，食物上没有差异，但周边地势却存在很大差异，北面和东面都有高坡，而南面和西面地势较低，高坡利于害鼠栖息，鼠密度相对就比较高。可见在开展鼠情监测调查时，一定要考虑样地周边环境的影响，优先选择在适宜害鼠栖息和靠近食物源的地边设置夹线，否则如果将夹线设置在鼠密度较低的位置就有可能捕不到或捕鼠数量很低。

表 3-3 2015—2017 年平谷区绿水峡谷设施园区 TBS 不同方位捕鼠情况

方位	桶数（个）	布放日数（d）	累计捕鼠数（只）	平均单桶捕获率（%）												合计	平均捕获率（%）
				1月	2月	3月	4月	5月	6月	7月	8月	9月	10月	11月	12月		
东	90	334	424	0	0	0.1	0.8	0.4	0.6	0.7	0.7	1.2	0.4	0.1	0.1	5.2	0.5
南	30	334	82	0	0	0.0	0.0	0.5	0.4	0.7	0.5	0.6	0.1	0.1	0.0	3.0	0.29
西	70	334	232	0	0	0.1	0.6	0.0	0.3	0.4	0.6	0.7	0.4	0.2	0.0	3.6	0.36
北	50	334	198	0	0	0.1	0.6	0.7	0.6	0.7	0.6	0.4	0.2	0.1	0.0	4.3	0.43

知道了夹线位置对捕获结果影响很大，那么怎样设置夹线才能更合理呢？首先，监测人员需要对样地进行踏查，查看样地环境，分析哪些位置适宜害鼠栖息，哪些食物是老鼠喜欢吃的，离栖息地有多远，可能的通道位置等；其次，根据以往的监测经验，分析样地的害鼠发生分布特点；最后，还要根据监测结果，及时调整，即调整捕不到鼠或捕鼠少的夹线。只有做到这些，才能使夹线设置更合理，监测的结果才更能反映出样地害鼠实际发生情况。考虑到一些新手很难在短时间内正确把握，为便于大家进行选择，下面将不同农区环境适合的夹线位置介绍如下，以供大家参考。

1. 旱地粮田

这类样地的害鼠主要栖息在地边及地中沟渠、电线杆和机井房等相对高岗、干燥且郁蔽的环境中。另外，当样地与林地接壤时，林地边缘也是重要的害鼠栖息地，这些害鼠也会对样地造成为害。调查时应兼顾地边和地中，在地边和地中沟渠（畦埂）分别设置夹线。随着交通网络建设的加快，很多农田常常与公路相邻，通行的车辆也会影响害鼠的分布，特别是车流量比较大的公路两侧，在调查设置夹线时应尽可能减少这种干扰，需将夹线在垂直公路的方向设置。

2. 水田

这类样地的害鼠主要栖息在样地边缘或地中的沟渠，设置夹线时应兼顾地边和地中，在地边和地中沟渠分别设置夹线。当调查的样地与公路相邻时，夹线应在垂直于公路的方向设置。

3. 苜蓿、中药材田

这类样地由于多年不翻耕，害鼠栖息环境不会被人为破坏，且田间郁蔽适于害鼠隐藏，因此，害鼠多栖息在田中排水渠、作业道两侧，地边害鼠分布较少。调查时夹线应重点设置在地中，将夹线设置在地中沟渠、作业道上。另外，如果调查样地在山区时，与山地接壤的地边也是设置夹线重点区域。

4. 平原林荒地

这类样地食物相对匮乏，害鼠主要栖息在靠近食物源的位置，如与粮田接壤的区域或林中较高岗的区域，调查时夹线应设置在与粮田接壤的地边或林荒地中高岗的区域，最好在林荒地边缘和中间分别设置夹线。

5. 果园、经济林

平原区果园的害鼠多栖息在与农田、林荒地接壤的地边区域或果园中坡岗位置，山区果园、经济林的害鼠多分布在台地坡岗处或与林荒地接壤处，调查时夹线应优先设置在与农田或林荒地接壤的地边，在坡岗设置夹线时，夹线应设置在坡岗底部。

6. 山区台地

这类样地的害鼠多栖息在台地与林荒地接壤处或每一阶台地地阶下部，调查时应在台地与林荒地接壤处和台地地阶下部同时设置夹线。

7. 畜禽养殖场

这类样地的害鼠主要栖息在养殖棚的地板下、食槽下、顶棚及养殖棚外的杂物堆下、料库内外、养殖场围墙内外，调查时应兼顾这些区域，分别在养殖棚、料库内外、围墙内等不同环境设置夹线。

8. 水产养殖场

这类样地多为开放环境，食物源相对集中，主要包括库房和饲料台，害鼠多栖息在建筑物周边及养殖场周边，调查时夹线应设置在建筑物内外、投料台附近及养殖场周边。

9. 农户庭院

随着农村生活水平的提高和环境的改变，害鼠适宜的栖息地和食物源越来越少。害鼠多栖息在厨房、厕所、街道两侧和村边杂物堆下，监测时既要重视户内调查，也要兼顾街道等公共区域。

四、怎样高质量开展调查工作

在完成了样地选择和夹线设置后，怎样高质量地完成布放工作也很重要，如果操作不当，同样会影响捕鼠效果。要想高质量完成布放工作，首先要做好前期准备工作，其次是按照调查技术要求规范操作，以提高布夹质量。

（一）调查前准备

实际布放鼠夹时经常会遇到意想不到的问题，如鼠夹弹簧松了，别针太长，或是调查时发现样地正在浇水而无法进行调查，或是花生米太干（太脆很容易碎裂而不能把牢倒刺，或是杂草、杂物较多影响鼠夹布放等。出现这些问题，如果是在白天，或许很容易解决，但为减少鼠夹丢失，实际调查时，一般调查都是选择在傍晚进行布夹，在光线不足的情况下解决这些问题就比较费时，并会影响到布夹速度和布夹质量，因此，每次调查前需进行踩点、整理鼠夹及对花生米进行处理，以减少布夹时的麻烦。

1. 整理鼠夹

剔除损坏鼠夹，调整弹簧轴位置，检查鼠夹弹力，调整鼠夹支杆长度以保证鼠夹踏板水平状态，避免踏板过高或过低，清点出调查需要的鼠夹个数，分别装包待用。每次调查后，收回的鼠夹需先晾干，捕到鼠的鼠夹要用酒精或喷灯消毒，再收起待用。鼠夹不要与农药等一起存放，有条件的最好单独存放。

2. 花生米处理

夹捕法调查一般使用新鲜生花生米做诱饵，在购置花生米时，最好选用小粒的花生米，这样比较省饵。生花生米一般较干，别在倒刺上时易碎，从而导致鼠夹的灵敏度下降，出现花生米被吃掉而鼠夹不击发的情况。为避免这种现象发生，调查前 4 ~ 6 h 要对花生米进行简单处理。具体做法是将生花生米用开水浸泡半分钟（浸泡时间过长，花生米吸水过多也会导致花生米变脆），捞出后用报纸或干毛巾包好待用，浸过的花生米会有所膨大，有一定的韧性，不易破碎，便于上食操作，上好的花生米随着水分的丧失会把牢倒刺，使鼠夹更灵敏。另外，浸泡过的花生米具有很淡的清香味，能够引诱害鼠取食。给鼠夹上饵时，不要勾刺花生米两子叶的合缝处，而要勾刺单片子叶中间位置（浸泡过的花生米可用手指触摸结合处的棱），以免降低鼠夹的感应力，出现半片花生被食而鼠夹未被击发的现象。

3. 踩点

鼠情监测一般是一个月调查一次，调查时间的间隔较长，在这么长的间隔里样地可能会出现一些变化，如遇到样地正在浇水或样地刚浇完水还比较泥泞，都会影响正常布夹，只能被动地调换调查样地。为此，在每次调查前都应提前到样地进行现场勘查，看是否能够开展调查，并确定好夹线位置，为晚上的调查做好准备。

（二）调查技术要求

要全面掌握农区害鼠发生情况，一般会设置较多的鼠情监测点。为便于不同区域之间监测数据相互比较，保证鼠情监测数据的准确性、时效性，各监测点应按照统一鼠害监测技术要求开展调查工作，为此在农区鼠害监测方面也制定了相应的技术规程，对调查时间、样地、夹线、布夹数、数据采集及上报提出了具体要求。

1. 监测方式

农区鼠情监测设长期监测和系统监测两种调查方式，其中农田鼠情监测包括长期监测和系统监测两种调查方式，畜禽养殖场、水产养殖场只进行长期监测。

2. 调查时间

根据不同农区环境的鼠害发生特点确定调查时间，农田为每年 3—11 月，每月调查一次，农户、养殖场为每年 1—12 月每月调查一次，每月的调查时间一般规定为每月月初进行。

3. 样地

为全面反映出每个监测点的鼠害发生情况，规定每个监测点设置 3～5 个有代表性的调查样地，样地确定后，要用 GPS 进行定位，标定面积、海拔、经纬度。为便于样地调整，且使监测覆盖更大区域，规定相邻样地距离间隔应在 3 km 以上。同时由于每块样地每年要进行多次调查，为减少人为扰动影响，每次调查应尽可能变换夹线位置，因此，样地要具备足够的面积，规定农田平原区样地面积应在 6.7 hm² 以上，山区样地面积在 2 hm² 以上；畜禽养殖场样地应达到 1 个养殖规模以上；水产养殖场样地面积应在 1 hm² 以上。另外，若样地出现连续 2 次监测未捕获害鼠现象，需在周边相似地块重新选择样地。

4. 调查取样量

夹捕法调查要有一定的取样量才能保证监测结果的可靠性，最初规定每块样地每次调查 300 夹夜，可在 1～3 d 内完成。目前受某些因素的影响，每块样地每次调查的取样量下调到 100～150 夹夜。调查中统一采用中号铁夹，以新鲜花生米做诱饵。

5. 夹线

规定每块样地设置 2 ~ 3 条夹线，每条夹线布 30 ~ 50 个鼠夹，夹距间隔 3 ~ 5 m。为减少夹线间相互干扰，规定相邻两条夹线需间隔 50 m 以上，且相邻两次调查时需更换夹线位置。

（三）正确布夹方法

选择好样地，确定好夹线，就要进行田间布夹操作了。该怎样布鼠夹呢？是不是怎么放都行？是不是越灵敏越好？怎样布夹才更快速更安全？在实际操作中，如果鼠夹布放不合适或灵敏度调整得不合适，就会出现较多的空翻鼠夹和死夹（不能击发的鼠夹），从而影响捕鼠效果。为减少这种现象发生，布放鼠夹时就需要考虑鼠夹位置、踏板方向和灵敏度，并采用正确布放手法，以便快速地高质量地完成布夹工作。

1. 正确的鼠夹布放位置和朝向

不同的农区环境害鼠活动规律不同，鼠夹布放的位置和朝向也存在一定的差异。山前台地农田调查时，鼠夹应布放在台地地阶下端，踏板端应垂直朝向地阶方向且尽可能靠近地阶底部；平原农田调查时，一般会在一侧沟沿上缘或地埂布放鼠夹，鼠夹踏板端应垂直于夹线方向，并朝向害鼠栖息地方向；农户、养殖场、温室等环境调查时，一般会沿墙根布放鼠夹，鼠夹踏板端应垂直于墙面方向，并尽量靠近墙根。

2. 调整合适灵敏度

布放鼠夹不是越灵敏越好，应根据布夹时的环境条件和气候条件，选择合适的鼠夹灵敏度，以减少鼠夹空翻现象。怎样调整鼠夹灵敏度呢？主要是通过控制击发杆顶端露出踏板垂直面上小孔的长度来进行调整，灵敏度随击发杆顶端超出固定孔平面长度的增加而下降。当击发杆顶端不超出或稍超出固定孔平面时（小于 0.5 mm），鼠夹灵敏度最高；当击发杆顶端超出固定孔平面长度 0.5 ~ 1.5 mm 时，鼠夹灵敏度适中；当击发杆顶端超出固定孔平面长度大于 1.5 mm 时，鼠夹灵敏度较低。该怎样选择合适的鼠夹灵敏度呢？在调查地点比较平整、杂物少、没有降雨和大风时，布放的鼠夹灵敏度越高越好，一般选择击发杆顶端不超出或稍超出固定孔平面；在布放地点有杂物、杂草多、下小雨或刮大风天调查时，应选择较低的鼠夹灵敏度以减少空翻，一般选择击发杆顶端超出固定孔平面长度 0.5 ~ 1.5 mm。由于田间实际操作时多在傍晚，此时光线较弱，不可能用眼睛控制操作，需要通过右手食指肚感知来完成鼠夹灵敏度的调整，要做到熟练掌握，需要在实践中多锻炼。

3. 正确的布放手法

新手布放鼠夹时总是担心鼠夹会打到手，布夹时都是先将鼠夹上好再放到地上，在摆放时很容易触碰东西而击发鼠夹，影响布夹速度。正确的布夹手法是左手握住鼠夹，上好诱饵后，用右手搬起击打框到上点，再用左手食指和拇指压住底板和击打框，弯腰将鼠夹前端平放在地上，后端微翘起，同时用右手将击发杆插入固定孔，用右手食指调整好灵敏度后，左手缓慢松力，当感觉到吃上力以后，拿开右手，放开左手，完成布放。上饵、插入击发杆均可在行走中完成，这样就能提高布夹速度，而且能有效减少布夹时击发鼠夹，减少鼠夹打到手的风险。

（四）监测数据的收集与上报

夹捕法一般是晚布晨收，收夹时，要做好记录工作，如调查地点、时间、作物种类、面积、经纬度、海拔等样地信息，同时还要记录好捕鼠信息，如布夹数、有效夹数、捕鼠数、鼠种、性别等数据，并录入（表 3-4）；系统监测点在做好上述内容的基础上，还需对捕获害鼠样本进行测量和解剖，记录并录入害鼠的体征值和繁殖指数数据（表 3-5）。监测数据实行定期上报制度，每次调查完成后 1 周内，应将监测数据上报上一级主管部门。

（五）加强防护，确保安全

害鼠能够传播数十种人畜共患疾病，因此，从事鼠情监测工作具有一定的危险性，为保证监测人员人身安全，开展鼠情监测时要切实做好安全防护工作，调查时要戴手套、穿防蚤袜和防护服，调查期间禁止抽烟、饮食，调查完成后要用消毒液和香皂洗手。捕获的害鼠要用杀虫剂和消毒液处理后再进行测量和解剖。捕到鼠的鼠夹、测量解剖器具用完后要用医用酒精、开水或酒精喷灯进行消毒。调查完成后，鼠尸要深埋处理，埋土深度 1 m。

表 3-4　鼠情长期监测调查记录样表

地点	时间	地势	作物种类	样地面积（亩）	海拔	经度纬度	布夹数	有效夹数	捕鼠数	大仓鼠 雌	大仓鼠 雄	黑线姬鼠 雌	黑线姬鼠 雄	小家鼠 雌	小家鼠 雄	褐家鼠 雌	褐家鼠 雄	其他鼠种 雌	其他鼠种 雄	合计	捕获率（%）	天气情况

害鼠种类（只）

表 3-5　鼠情系统监测调查记录样表

地点	类型	日期	捕获率（%）	鼠种	性别	体重（g）	体长（cm）	尾长（cm）	后足长（cm）	耳高（cm）	胴体重（g）	胃内	夹囊内	I 左	I 右	II 左	II 右	III 左	III 右	合计	怀仔数 左	怀仔数 右	子宫充血否	胎次	位置 左	位置 右	睾丸重量（g）	贮精囊重量（g）	肥否	气象情况

外形测量　食物　子宫斑情况　繁殖情况　睾丸情况　贮精囊　气象情况

第三节　监测数据利用

通过鼠情监测，我们获得了大量的数据，该怎样更好地利用这些数据呢？不能简单地算出捕获率就行了，而是应该对获得的鼠情监测数据进行统计分析，从中挖掘出更多的内在信息，用于开展鼠情预测预报和指导鼠害科学防治。通过鼠情监测，可以直接掌握不同农区环境的鼠密度和种群结构，从而确定出不同农区环境的优势害鼠种群，并根据优势害鼠种群的发生规律制定灭鼠方案，以实现不同农区环境害鼠的分类指导；根据监测时捕鼠位点也可以粗略掌握害鼠在不同农区环境的分布特点（这一点在监测时常常被监测人员忽略），从而为科学投放鼠药提供依据，以减少盲目投药和乱投药，提高毒饵利用率和灭鼠效果；通过繁殖情况调查，可以掌握不同害鼠种群的繁殖力大小，为分析害鼠种群发生趋势提供依据。繁殖指数的计算方法：

繁殖指数[①]的计算公式：

$$I = N \times E/P$$

式中：I 为繁殖指数；P 为总捕获只数；N 为孕鼠数；E 为平均胎数。

在获得这些直接数据的基础上，就可以通过统计分析获得更多的信息。通过每个月的捕鼠情况，可以分析出每个害鼠种群的逐月变化规律和年度间的变化规律；通过害鼠牙齿磨损度、胴体重调查，可以比较精确地划分害鼠的种群年龄结构；当然也可以通过体重、体长等体征值粗略划分害鼠的种群年龄结构，以此来分析害鼠种群的发生趋势。全国农业技术推广服务中心编的《农业鼠害防控技术及杀鼠剂科学使用指南》（中国农业出版社，2017）列举了主要农区鼠种以体重和胴体重为分类依据的年龄划分标准，从中选取了北京市农区 6 个常见鼠种体重和胴体重的年龄分级标准，并调整了大仓鼠体重法年龄分级标准。从表 3-6 可以看出，除小家鼠外，其他鼠种根据体重或胴体重均划分为幼年组、亚成年组、成年Ⅰ组、成年Ⅱ组、老年组 5 个年龄组。监测人员可参照此害鼠年龄划分标准，分析本地农区害鼠种群结构，预测本地农区害鼠发生趋势，以做出更准确的趋势预报。

鼠害的发生有轻有重，该怎样评估农区鼠害的发生程度呢？根据全国农业技术推广服务中心制定的农区鼠害发生程度分级标准，将农区鼠害发生程度划分为轻发生、偏轻发生、中等发生、偏重发生和大发生 5 个级别（表 3-7），

---

①夏武平，等.兽类学报.1982.2（1）.

表 3-6 主要害鼠种群年龄划分标准

鼠种	重量（g）	年龄 II				
		幼年组	亚成年组	成年 I 组	成年 II 组	老年组
褐家鼠	体重	≤ 80.0	80.1 ~ 130.0	130.1 ~ 185.0	185.0 ~ 245.0	> 245.0
	胴体重	≤ 60.0	60.1 ~ 99.0	100.0 ~ 139.0	140.0 ~ 189.0	≥ 190.0
小家鼠	体重	≤ 8.0	8.1 ~ 14.0	14.1 ~ 20.0		> 20.0
	胴体重	≤ 6.9	7.0 ~ 8.9	9.0 ~ 12.9		≥ 13.0
黑线姬鼠	体重	≤ 16.0	16.1 ~ 23.0	23.1 ~ 29	29.1 ~ 37.0	> 37.0
	胴体重	≤ 12.9	13.0 ~ 16.9	17.0 ~ 20.9	21.0 ~ 25.9	≥ 26.0
大仓鼠	体重（雌鼠）	≤ 35.0g	35.1 ~ 75.0g	75.1 ~ 121.0g	121.1 ~ 185.0g	> 185.0
	胴体重（雄鼠）	≤ 33.0g	33.1 ~ 79.0g	79.1 ~ 123.0g	123.1 ~ 187.0g	> 187.0
黑线仓鼠	胴体重	≤ 11.0	11.1 ~ 15.0	15.1 ~ 19.0	19.1 ~ 23.0	> 23.0

表 3-7 农区鼠害发生程度划分标准

发生程度	鼠密度指标		占播种面积（%）	作物产量损失率指标（%）
	捕获率（%）	有效洞（个/hm²）		
轻发生	< 3.0	< 5.0	≥ 80	< 0.5
偏轻发生	3.0 ~ 5.0	5.0 ~ 10.0	≥ 20	0.5 ~ 1.0
中等发生	5.1 ~ 10.0	10.1 ~ 15.0	≥ 20	1.1 ~ 3.0
偏重发生	10.1 ~ 15.0	15.1 ~ 20.0	≥ 20	3.1 ~ 5.0
大发生	> 15.0	> 20.0	≥ 20	> 5.0

这个分级标准是以粮食作物为主制定的，对于畜禽养殖场等其他农区环境，可参照这个标准进行分级，也可在此分级标准的基础上，结合本行业的鼠害发生特点进行调整。

根据对鼠情监测数据的统计分析，再结合气象条件、耕作制度等因素综合分析，就可对下一年的害鼠发生趋势做出相对准确的预测，为各级主管领导决策和灭鼠资金的争取提供科学依据。另外，当积累了大量的数据资料后，也可以通过概率学统计方法建立统计模型，对害鼠种群数量波动进行中长期预测，进一步提高鼠情预测预报的准确性。

第四节　农区鼠害损失调查方法

鼠情监测有利于掌握农区害鼠发生情况，但对应着不同的鼠密度又会造成多大的为害呢？要了解害鼠的为害情况，还需要进行调查。在北京农区，地上活动的害鼠均可周年进行为害，但不同季节害鼠造成的损失不同，以农田、蔬菜为例，播种期和收获期是害鼠为害造成损失的最大时期。在播种期，害鼠直接扒食种子，造成缺垄断苗，严重时甚至出现毁种，影响农时，造成的损失较大；在收获期，害鼠会盗食大量作物果实，特别是在秋季，害鼠会储存大量食物越冬。据调查一个大仓鼠洞穴可储存几十千克粮食，对于果蔬也是如此，果蔬经害鼠为害后会失去商品价值，造成巨大损失。相对而言，在作物生长期，害鼠虽然也有为害，但对最终的产量影响不大。因此，农田害鼠为害调查应抓住播种期和收获期这两个关键时期开展调查。

与农田不同，饲料加工厂和养殖场害鼠周年为害，该怎样调查为害程度才比较合理呢？饲料加工厂和养殖场鼠害的发生程度会受管理水平和饲喂方式等因素的影响，而使其鼠害程度表现出很大的差异。饲料加工厂和精料饲喂的养殖场环境复杂、食物丰富、鼠密度高，害鼠为害较重；而草食饲喂的养殖场鼠害发生相对较轻，为害也比较轻。基于不同的养殖场环境害鼠发生和为害的程度存在很大的差异，调查害鼠为害程度时首先要将养殖场进行分类，一般可分为精料饲喂和草料饲喂两种类型，再根据养殖场害鼠发生规律确定调查时间。春季是害鼠种群数量最低的时期，随着气温的升高，害鼠进入繁殖期，鼠群数量上升，到秋末害鼠繁殖结束，种群数量达到最高峰，因此，调查害鼠为害应在春季和秋末两个季节分两次调查为宜，取其平均数代表其为害程度。

对于农舍环境，害鼠虽然周年进行为害，但关键为害时期却是粮食归仓后至销售或食用前，害鼠会大量污染、消耗储粮，因此，适宜的调查时期应在储粮销售或食用前进行。

不同的农区环境，害鼠发生规律不同，害鼠为害程度和调查方法也不同，应根据不同农区环境的害鼠实际发生情况，分类开展调查。具体调查方法介绍如下。

（一）农田

1. 播种期

包括粮田、菜田等播种后到幼苗期。粮田采用对角线 5 点取样法调查，每种作物调查 2 ~ 3 块样地，每块样地调查 5 点，每点调查 50 穴（株、丛），统计受害株数及受害面积。蔬菜采用目测估计法进行调查，随机抽查 20 个育苗盘，计数被害育苗盘个数及估测单个育苗盘的受害面积；畦播蔬菜，随机抽查 5 个畦，估测受害面积所占比例。

2. 成熟期

粮田不同种类作物的成熟期不同，同种作物播种期不同成熟期也不一致，如春玉米和夏玉米、春大豆和夏大豆、春花生和夏花生，调查时期应根据成熟期进行适当调整。如麦田需在 6 月中旬初调查，春玉米应在 9 月初调查，夏玉米应在 10 月上旬调查。调查时，每种作物最好选择 2 ~ 3 块样地，采用对角线取样方式调查，每块样地调查 5 点，每点调查 50 ~ 100 株（丛），计算受害株率和受害面积。果实类蔬菜、浆果类水果、仁用杏（核桃）等可采用目测估计调查方法，随机 5 点取样，目测估计损失的数量占总数量的比例。农作物为害可根据损失大小进行分级，根据各级的严重度计算产量损失。

例如，玉米果穗为害可分以下几个等级。

0 级：没有为害，严重度设为 0；

1 级：受害部分占果穗的 1/4 以下，严重度设为 0.25；

2 级：受害部分占果穗的 1/4 ~ 1/2，严重度设为 0.50；

3 级：受害部分占果穗的 1/2 ~ 3/4，严重度设为 0.75；

4 级：受害部分占果穗的 3/4 以上，严重度设为 1.0。

$$平均损失率（\%）=\frac{\Sigma\left[各级损失率 \times 面积\right]（hm^2）}{样地总面积} \times 100$$

产量损失（kg）= 作物平均产量（kg/hm²）× 平均损失率 × 作物总面积（hm²）

（二）养殖场、农户

害鼠周年进行为害，造成的损失很难精确调查，一般采用目测估计＋走访相结合的方式。养殖场可根据饲喂类型分为两类，每种类型调查 2 ~ 3 个养殖场，目测养殖场料库及养殖棚害鼠为害情况及畜禽产品的为害情况，再结合场方估算的损失程度进行调整；农户调查损失需根据储存条件进行分类，每类选择 5 ~ 10 户，目测储粮的为害损失程度，再结合农户给出的损失量进行调整。

第四章 农区鼠害控制技术

谈到鼠害，几乎所有的人都对其深恶痛绝，甚至想把害鼠赶尽杀绝。纵观人类与鼠的漫长斗争史，想要做到这一点不仅是不可能的，而且从生态平衡的角度来说也是没有必要的。首先因为鼠类具有超强的适应能力和超强的繁殖力，想要实现无鼠或低密度的状态，在相对封闭的环境或许能够做到，如农户、养殖场等，但开放的农区环境在短时间内是很难做到的。其次，鼠类是自然生态系统的重要组成部分，从保障物种多样性和维持自然生态系统平衡的角度看，也没有必要灭绝鼠类。随着人类认知的深入，鼠害防治观念也在不断发生变化，现已不再是以灭绝害鼠为最终目的，而是立足于将鼠害控制在人类的容忍度之下，使之不致影响人类的正常生活及造成巨大的损失。在控制方式和策略上也有了长足进步。害鼠控制方式已从过去一家一户的自发式行为发展到现在大范围的统防统治。鼠害控制策略上也从过去单纯依靠药剂防治发展到现在的将物理防治、生物防治、生态防治和药物防治等多项措施相结合的综合灭鼠技术体系，以实现对农区鼠害的持续控制。

尽管各种控鼠措施都可应用于农区鼠害防控，但药剂控鼠因其具有速效性、低成本等优点仍是未来很长时期内鼠害防控的主要手段。在使用药物控鼠时，很多人会存在这样的误区，就是只有在鼠密度高时才进行防治。产生这个误区可能有以下几方面因素：一是缺乏资金，不能组织开展防控工作；二是过高估价药物控鼠的效果；三是人们对不同环境中害鼠的容忍度存在差异，如果害鼠发生在户内，人们采取几乎是零容忍的态度，见到鼠就要灭，但对于其他农区环境的害鼠，人们的容忍度就大多了。害鼠多时才进行药物防治真的好吗？回答是否定的。当鼠密度很高时，通过一次性控鼠虽然在短时间内可以很好地压低鼠密度，但要将低鼠密度状态维持很长时间也是很困难的，即使在封闭的养殖场控鼠效果也很难保持长久，更不用说在开放的农田环境了。下面就用实例来说明这个问题，表4-1为通州区1998—2004年农田鼠害防治区害鼠调查，1998—2003年是农田鼠害活跃期，春季夹捕率基本上在10%以上，通过春季一次药物灭鼠，除个别地块外，大部分地块灭鼠效果都在90%以上，有效压低了农田鼠密度，但经过一年的繁殖补偿，到当年秋季，春季灭鼠地块的鼠密度就已经基本恢复甚至超过春季的害鼠鼠密度了。虽然鼠密度反弹迅速，但也延缓了鼠密度的增长速度，若不进行春季防治，这些地块的鼠密度将会更高。2004年鼠密度低于10%，灭鼠后经过一年的繁殖，鼠密度虽然也在上升，但上升的幅度明显减缓。为什么会出现这种结果呢？原因主要是当时采用的是裸露投饵方式，受降雨和灌溉等因素的影响，毒饵在田间的持效期短，而最先吃毒饵的主要是害鼠群落中的老幼鼠，因此，药物灭鼠杀死的主要是这一部分害鼠，而留下的多是繁殖力强的成年鼠；另外，在高密度下进行药物灭鼠时，残留的害鼠就多；再加上灭鼠腾出了更多的生态位，使残余的害鼠可以获得更多的食物，害鼠通过补偿生殖就可使鼠密度大幅度回升。但若在鼠密度低时控鼠，残留的害鼠就会少，害鼠回升速度就会减缓，若再通过连年累加效应，鼠密度就能控制在较低水平。除此之外，高鼠密度时进行药物灭鼠，需要投放的毒饵量比较大，会导致防治成本增加，而低密度时进行药物灭鼠，投饵量会明显减少。同时可以结合物理控鼠和天敌控鼠，实现鼠害的综合防控。从北京市农田亩投饵量的变化也可说明这一点，20世纪80年代、90年代农田鼠害高发期时，每亩用溴敌隆毒饵150～200 g，21世纪初，农田鼠密度开始下降，亩投饵量下调到50～100 g，2007年后亩投饵量下降到25～50 g，亩投饵量下降了4～8倍，且鼠密度已持续控制在1%以下，可见农区鼠害进行药剂控鼠不是一朝一夕的事，需要常抓不懈。

表4-1　通州区1998—2004年农田鼠害防治区害鼠消长情况

年份	地点	春季防前夹捕率（%）	春季防后捕获率（%）	防效（%）	秋季夹捕率（%）
1998	双埠头	51	10	83.6	44
	次二	13	1	92.3	12
1999	郎府	10	1	90.0	56
	徐辛庄	36	2	94.4	54
	次渠	14	1	92.9	18
2000	徐辛庄	16	2	92.2	18
	郎府	6	0	100.0	8
	次渠	12	1	91.7	14

年份	地点	春季防前夹捕率（%）	春季防后捕获率（%）	防效（%）	秋季夹捕率（%）
2001	徐辛庄	19	1	94.7	18
	郎府	7	0	100.0	8
	次渠	14	1	92.9	12
2002	马坊	8	0	100.0	10
	崔窑	12	2	83.3	14
	姚村	10	0	100.0	6
	草寺	14	2	85.7	22
2003	姚村	16	2	87.5	6
	黄厂铺	10	0	100.0	3
2004	西田阳	7	1	85.7	2
	双埠头	6	0	100.0	3
	黄厂铺	6	0	100.0	3

第一节　鼠害为什么难治

　　人类与鼠类的斗争已有几千年的历史了，但鼠类并没有因为人为控制而灭绝，常表现出间隔一定时间就会出现鼠密度上升的现象，甚至形成局部区域害鼠暴发，如 2007 年洞庭湖区域东方田鼠严重暴发，对沿湖防洪大堤和近 800 万亩稻田构成严重威胁。为什么鼠害这么难治呢？主要是因为鼠类具有超强的适应力和超强的繁殖力。

一、超强的适应性

　　鼠类的寿命一般比较短，多为 2 ~ 3 年，但其对环境改变的适应能力很强。在北方，家鼠一般在冬天不繁殖，可是，生活在 –15℃冷藏肉库里的褐家鼠，却照样能生儿育女。家鼠很善于汲取"教训"，一旦它吃了毒饵而未被毒死，或其他个体食用毒饵后引起剧烈反应时，害鼠就能在以后的几个月内牢牢记住毒药的味道，不再触用这种药配成的毒饵，形成拒食现象。在家鼠族群中有严格的等级之分，当遇到有危险的食物时，总是老、幼鼠等处于弱势的个体先吃，在确定安全后，处于优势地位的成年老鼠才会吃，因此，灭鼠后残留的害鼠多是处于优势地位的个体。另外，家鼠还有很强的新物反应，即暂时回避新出现的食物或物品的情形。野鼠的新物反应很轻或不存在，甚至还对新东西好奇，特意接近它，但是，在上当后，野鼠也能接受教训，见到鼠夹、粘鼠板或毒饵就避开，这导致捕获率或防治效果下降。在防治实践中，如果长期使用同一类型的杀鼠剂时，就容易产生抗性个体和抗性种群，使害鼠对此类杀鼠剂的耐药性增加，防治效果下降。

二、超强的繁殖力

在兽类之中，鼠类是繁殖力最强的动物类群。表4-2列举了北京市农区常见的几种害鼠寿命及繁殖能力。其中褐家鼠为主要的家栖型鼠种，其繁殖力是非常强的。褐家鼠雄鼠全年均有繁殖能力，雌鼠可繁殖9个月，在条件特别适宜时，20多天就可繁殖一窝，产后可立即交配受孕，一窝生6～8只幼崽。幼鼠生长两个多月就接近成年，可繁殖后代，到老死一共可生10～20多窝。除了正常的繁殖能力外，鼠类还有很强的补偿生殖能力，当发生灾害或灭鼠等引起鼠密度大幅度下降后，鼠类繁殖力会大幅度上升，平均胎仔数明显增加，单胎最高胎仔数可达到18只，通过补偿生殖可使种群密度快速回升。

表4-2　几种常见害鼠寿命及繁殖情况比较

鼠名	寿命（年）	怀孕期（d）	每窝仔数	每年胎数
褐家鼠	3	22	7～18	6～8
小家鼠	1	22	2～10	4～7
松鼠	10	35	3	1～2
大仓鼠	2.5	30	4～10	3～4
鼢鼠	4	30	2～5	1～2
黑线姬鼠	1.5	21	5～7	3～5

不仅家鼠的繁殖力强，作为农田优势鼠种的大仓鼠和黑线姬鼠的繁殖力同样很强。据对顺义1994—2014年系统监测捕获的4 174只害鼠样本资料分析，共捕获黑线姬鼠1 932只，解剖1 905只，其中雌鼠813只，雄鼠1 092只；捕获大仓鼠样本2 242只，共解剖2 232只，其中雌鼠1 041只，雄鼠1 191只。统计分析的结果表明，黑线姬鼠和大仓鼠两大害鼠种群在北京地区的冬季（12月至来年2月）均不进行繁殖，每年从3月开始进入繁殖期。黑线姬鼠繁殖期为每年的3—11月，主要繁殖期为5—10月，该期繁殖的胎仔数占年总胎

仔数的 95.2%。黑线姬鼠每年有两个繁殖高峰期,第一个繁殖高峰期在 5—6 月,占总胎仔数的 36.6%,第二个高峰期在 9—10 月,占总胎仔数的 34.2%;大仓鼠繁殖期为每年的 3—10 月,主要繁殖期为 5—9 月,该期繁殖的胎仔数占总胎仔数的 90.6%。黑线姬鼠和大仓鼠每年均有两个繁殖高峰期,大仓鼠每年也有两个繁殖高峰期,第一个繁殖高峰期在 6—7 月,占总胎仔数的 35.1%,第二个繁殖高峰期在 8—9 月,占总胎仔数的 44.2%。两种害鼠的平均胎仔数也呈现一定的季节变化,3 月食物匮乏,两种害鼠的平均胎仔数都是一年中最低的,其中黑线姬鼠平均胎仔数为 3 只 / 胎,大仓鼠为 5.5 只 / 胎。随着田间食物的增多,黑线姬鼠平均胎仔数呈现上升趋势,9 月平均胎仔数最高,为 6.3 只 / 胎;大仓鼠最高平均胎仔数发生在 5 月,为 10.5 只 / 胎,比黑线姬鼠偏早。两大害鼠种群都能进行补偿生殖,其中黑线姬鼠最高胎仔数为 13 只 / 胎,大仓鼠最高胎仔数为 19 只 / 胎,这也是农田害鼠种群数量快速恢复的一个重要原因。

第二节　害鼠控制途径

　　农区环境复杂,即使是同一类型的农区环境也会因为经济水平的不同而存在较大的差异,使农区害鼠发生极不均衡,从而给农区鼠害控制增加一定的难度。不同的农区环境,其害鼠发生的特点不同,但也存在着共同之处,即都会具有适宜的栖息地、食物源和二者之间的通道 3 个害鼠发生的必备条件,不管是从事监测还是开展防控,只要牢牢抓住这 3 个必备条件,就能做到有的放矢,实现精准用药,甚至可通过控制一个必备条件就使一些特定小环境实现无鼠状态。鼠害的控制方法很多,有物理防治、生物防治、药物防治和生态防治,各种防治方法虽然控制原理各不相同,但归纳起来都是从驱避、灭杀、生殖阻断 3 种途径来实现控鼠的。

一、驱避

　　驱避途径不是直接杀死害鼠,而是通过减少食物源、栖息地和封堵进出通道,创造不利于害鼠发生的环境,或引起害鼠恐惧逃避等所采取的各种控鼠措施,既可以是物理防治措施,也可以是农业控鼠措施、生态控鼠措施或化学控鼠措施。其中有些控鼠措施不是鼠害控制部门能够直接实施的,而是随着社会经济的发展,人民生活的改善顺势而成的,但这些措施却对鼠害控制起到了很好的促进作用。如农村住房的改善、储粮和杂物的减少、地面硬化增加、采用铝合金门窗、垃圾集中清理及公共卫生间的使用，使农村环境得到很大改善等，由此造成害鼠适宜的栖息地、食物源和进出通道明显减少，在一定程度上限制了害鼠的发生。农田也存在这种类似措施，如大面积平整土地，减少了地埂和毛渠，使害鼠的栖息地减少；随着农业机械化的发展，机械收获面积增加，大大缩短了粮食在田间滞留的时间；种植结构改革带来种植作物的多元化，如青饲玉米及非粮食作物面积的增加，使害鼠食物源减少，不利于害鼠的繁殖和安全越冬。这些措施大范围的应用，都在一定程度上抑制了害鼠的发生。除此之外，鼠害控制部门也主动采取很多控鼠措施，进行了大范围的推广应用，如采用防鼠粮仓、封堵害鼠进出通道、超声波驱鼠器、草原禁牧、种植害鼠厌食的保护性植物、整洁农区环境等物理防控措施和生态防控措施，都在一定程度上抑制了害鼠的发生。除了主动采用这些物理防控措施和生态防控措施外，化学驱鼠剂在一些山区经济林区也有所使用，如使用放线菌酮等化学驱鼠剂驱避仁用杏、核桃等经济林的松鼠，确实能够减少松鼠的为害。驱避措施不是直接杀死害鼠，但在室内等一些小环境正确应用，也可以长期达到无鼠的状态。在大范围应用时，驱避措施一般不会短时间内就能将鼠密度降下来，而需要通过很长时间应用才会起到很好的控鼠作用，同时也可作为其他灭鼠方法的辅助措施，有助于灭鼠效果的巩固。

二、灭杀

灭杀途径是指直接杀死害鼠个体的各种控鼠措施，包括物理灭杀、生物灭杀、药物灭杀等各种鼠害控制措施。各种灭鼠措施各具特点，都有一定的应用范围。

物理灭杀害鼠的方法很多，如用鼠夹、鼠笼、地箭、TBS捕鼠系统、电子猫、封堵剂等捕杀害鼠，其共同的特点就是操作简便，效果直观，但一般比较费工，适用于小范围鼠害防治。

生物灭杀是利用鼠类天敌或致病微生物等杀死害鼠，如利用猫、蛇、狐狸、鹰隼、C型肉毒素等杀灭害鼠，其中利用天敌动物灭杀害鼠的措施在一定范围内得到了推广应用，如近些年有些省份通过推广养猫来控制农户、农田鼠害，在草原设置招鹰架以吸引鹰、隼等自然天敌来控制草原鼠害等天敌控鼠实例，都取得了很好的控鼠效果。北京市虽然没有直接推广天敌控鼠技术，但近些年，随着农区生态环境的改变，北京市农区害鼠天敌如猫、蛇、黄鼬等数量也在不断增加，甚至在城区也会看到黄鼬的身影，一些公园、小区等野生猫的数量也很多，确实都起到了一定的控鼠效果。在农区自然生态系统中，利用自然天敌进行控鼠，虽然能够起到持续控鼠效果，但天敌控鼠速效性差，不能迅速压低农区鼠密度。而且利用天敌控鼠都有一定的滞后性，即鼠密度高时会促进天敌数量的增加，而天敌数量增加后又会使鼠密度降低，若这种状况持续的时间较长，就会使天敌因得不到充足的食物导致天敌数量的下降，如此循环往复。除了利用自然天敌控制害鼠外，致病微生物近些年也被引入，用于控制鼠害，从而使生物控鼠的速效性大幅提升，但致病微生物稳定性差，且对人畜存在一定的安全隐患，一般只在人烟稀少的环境有所应用，如用 C 型肉毒素防治草原和森林害鼠。

药物灭杀是化学杀鼠剂直接杀死害鼠的措施，其中驱避剂和不育剂不属于药物灭杀的杀鼠剂范围。药物灭杀具有见效快、成本低的特点，是目前应用最广泛的控鼠措施。应用于药物灭杀的常用杀鼠剂主要包括 3 类，即无机盐类、抗凝血类、维生素 D 类。

无机盐类有磷化锌（铝）、钡制剂等杀鼠剂，其中磷化锌（铝）主要应用于粮库等环境灭鼠。而钡制剂毒性低，可应用于农区所有环境，其作用机理是造成害鼠肠梗阻而致死，具有很好的灭鼠效果，但其价格比较高，目前很难在农区大范围推广应用，但因其与抗凝血杀鼠剂作用机理不同，可作为对抗凝血杀鼠剂产生抗性的害鼠种群的治理措施。

抗凝血类杀鼠剂品种较多，是目前农区药物控鼠中应用最多的一类杀鼠剂，有杀鼠醚、敌鼠钠盐等第一代抗凝血杀鼠剂，溴敌隆、大隆、杀它仗等第二代抗凝血杀鼠剂。第一代抗凝血杀鼠剂毒性相对较低，需要多次投饵，投饵量大，害鼠的致死时间长。第二代抗凝血杀鼠剂可一次饱和投饵，投饵量小，害鼠的致死时间短。目前，由于抗凝血杀鼠剂应用时间比较长，很多地区已出现抗性种群。

维生素 D 类杀鼠剂是近几年新登记的一种鼠药，只有一个品种，即胆钙化醇（维生素 D_3），其作用机理是引起高钙血症毒，引发循环系统障碍，导致心、肾等器官功能衰竭而致死。在二次投药情况下，防治效果接近于二代抗凝血剂，其化学毒性低，适用于绿色食品基地使用或对抗凝血杀鼠剂产生抗性的种群治理。但其价格较高，在农区大范围推广有一定难度。

总之，灭杀途径是最普遍应用的控鼠方法，特别是物理灭杀和药物灭杀两种方法，都能够迅速压低害鼠密度，大幅度减轻害鼠为害程度，是高鼠密度区域控鼠的首选措施。而生物灭杀措施虽然速效性差，但可实现持续的控鼠效果，可选择与药物灭鼠配合使用，先用药物灭杀措施迅速压低鼠密度，再用生物灭杀措施控制残余的害鼠，以延长对害鼠的有效控制。

三、生殖阻断

生殖阻断措施是指利用药物不育、物理不育或免疫不育等方法干扰害鼠的正常繁殖，使害鼠的有效繁殖力下降，新生幼鼠减少，从而达到控制害鼠种群密度的方法。其中物理不育和免疫不育两种生殖阻断方法目前只是处于试验阶段，还没有大范围应用。目前常用的主要是药物不孕方法，近些年北京市也有引入，并开展了小范围控鼠示范。

药物不育是利用人工合成或植物提取的不育剂配成毒饵，经害鼠取食后，能引起雌鼠或雄鼠繁殖力下降的控鼠方法。常用的不育剂有 α–氯代醇、棉酚、莪术醇、秋水仙素等，这些不育剂对哺乳动物都具有一定的危险性，因此，在大范围应用时要确保人畜安全。

物理不育是将辐射产生的不育雄鼠释放到环境中，干扰正常的交配以减少繁殖的方法。

免疫不育是将鼠类的多肽或蛋白类调控激素与具有免疫活性的片段或其他外源性大分子物质结合成为抗原，注射到鼠体后，诱发机体产生破坏自身生殖调控激素的抗体，达到阻断生育的目的。

生殖阻断措施是通过降低害鼠的繁殖力来达到控鼠的目的，一般不会直接杀死害鼠，因此，采用生殖阻断措施进行控鼠一般短期内不能将害鼠种群密度控制在经济阈值下，但长期应用后可以有效降低害鼠种群数量，建议在鼠密度较低时使用，当鼠密度高时，应用药物灭杀迅速压低鼠密度，以减少害鼠为害损失。在此基础上，再应用药物不孕措施控鼠，来控制残余害鼠。目前药物控鼠仍在示范阶段，很多的应用技术还有待验证，如控鼠效果如何正确评估？一年投放几次才能够有效控制鼠密度？间隔多久投放一次效果最佳？

第三节　药物控鼠技术

控鼠的方法虽然很多，但真正能够大范围应用的主要是药物灭杀和药物不育两种方法，其中药物灭杀具有见效快，灭鼠效果好，操作简便，防治成本相对较低等优点而被广泛应用于农区鼠害控制。在目前所应用的磷化锌

（铝）、抗凝血杀鼠剂、钡制剂、维生素 D_3 等杀鼠剂中，抗凝血杀鼠剂在农区控鼠中应用最广泛。随着农区控鼠技术的发展，现在的农区控鼠可以有很多方法进行选择，但药物控鼠在很长时期内仍是农区控鼠的主要手段，因此，有必要对杀鼠剂特性、作用机理、科学施用技术、中毒急救等方面做一些深入的了解。

一、杀鼠剂分类

杀鼠剂种类很多，为便于区分，一般会对杀鼠剂进行分类。按照不同的标准主要有以下几种方法。

（1）按化学性质划分：可分为无机杀鼠剂、有机杀鼠剂、生物杀鼠剂。

（2）按作用方式划分：可分为胃毒剂、熏蒸剂、驱避剂、舔剂、触杀剂、不育剂。

（3）按作用速度划分：可分为急效药、亚急效药、缓效药。

急效药：是指食药后 3 h 内出现中毒症状，1 ~ 3 d 内出现大量死鼠的杀鼠剂，这类杀鼠剂会引起害鼠的剧烈反应，易引起害鼠产生拒食反应。

亚急效药：是指食药后 1 ~ 3 d 内出现中毒症状，3 ~ 5 d 内出现大量死鼠的杀鼠剂。这类杀鼠剂一般不会引起害鼠拒食反应，作用速度适中，投饵量较少，可一次性饱和投饵，如溴敌隆和溴鼠灵等第二代抗凝血杀鼠剂。

缓效药：是指食药后 3 ~ 5 d 内出现中毒症状，7 ~ 10 d 时出现大量死鼠的杀鼠剂。这种杀鼠剂需要毒饵量大，一般要进行多次投饵，防治成本有所增加。

为增加控鼠的安全性，避免二次中毒现象的发生，目前农区鼠害控制已不再使用急性杀鼠剂品种，大范围应用的都是亚急效或缓效的杀鼠剂品种。

二、杀鼠剂毒力分级

杀鼠剂毒力代表着杀鼠剂安全性高低，怎样区分不同杀鼠剂的毒力大小呢？国际上衡量杀鼠剂毒力强弱的标准是"致死中量"，即使试验动物死亡半数时所用的药物剂量，用 LD_{50} 表示。致死中量的单位有两种表达方式：一种是以每只老鼠需要吃多少毫克的杀鼠剂表示，即毫克药 / 鼠；另一种是每千克老鼠需要吃多少毫克的杀鼠剂表示，即毫克药 / 千克体重。目前国际上多使用后一种表达方式。根据杀鼠剂的致死中量大小，可将杀鼠剂分为 5 个毒力等级（表4–3）。

表4-3 杀鼠剂毒力分级标准

级别	致死中量（mg/kg）
极毒	< 1
剧毒	1 ~ 9.9
毒	9.9 ~ 99
弱毒	99 ~ 999
微毒	> 999

就杀鼠剂而言，弱毒和微毒级的杀鼠剂更安全，但其杀死害鼠需要的毒饵量过大，而且杀死害鼠需要的时间过长，因此，这两类毒力的杀鼠剂一般不会被采用，实际鼠害防控使用的杀鼠剂的 LD_{50} 一般为 0.01 ~ 100 mg/kg。

抗凝血杀鼠剂是目前农区控鼠应用最多的杀鼠剂，实际应用中既有第一代抗凝血杀鼠剂，也有第二代抗凝血杀鼠剂，二者作用机理相似，但二者的毒力却存在一定的差异。表4-4列出了几种常见的抗凝血杀鼠剂的毒力，可根据实际需要进行选择。

表4-4 抗凝血杀鼠剂对褐家鼠的急性和慢性毒力比较

（中国科学院亚热带农业生态研究所：王勇）

	灭鼠剂	一次口服 LD_{50}（mg/kg）	多次口服 LD_{50}（mg/kg × d）
第一代	杀鼠灵	186	3.4 × 5
	S异构体	14 ~ 20	（0.75 ~ 1.0）× 5
	克灭鼠	900 ~ 1 200	（14 ~ 21）× 5
	杀鼠醚	16.5	0.3 × 5
	敌鼠	3.0	（0.1 ~ 0.5）× 5
	鼠完	233 ~ 336	2.0 × 5
第二代	大隆	0.26	0.06 × 5
	鼠得克	1.8	0.15 × 5
	溴敌隆	1.12	1.0 × 5

三、鼠药发展史

随着化学工业的发展，新的杀鼠剂不断引入农区灭鼠中来，由此使得农区控鼠所使用的杀鼠剂种类也在不断地更新换代，安全性越来越高。从中华人民共和国成立后，我国农区杀鼠剂的更换大概经历了 5 个阶段。

20 世纪 50 年代：亚砷酸、安妥、氟乙酸钠、普罗米特、磷化锌、没鼠命（毒鼠强）、杀鼠灵、敌鼠。

60 年代：氟乙酸钠、普罗米特、磷化锌、没鼠命（毒鼠强）、甘氟、杀鼠灵、敌鼠钠。

70 年代：氟乙酸钠、磷化锌、毒鼠硅、氟乙酰胺、毒鼠磷、甘氟、杀鼠优、敌鼠钠、氯敌鼠、杀鼠醚（立克命）。

80 年代：磷化锌、毒鼠磷、甘氟、敌鼠钠、氯敌鼠、杀鼠醚、溴敌隆、大隆、杀它仗（氟鼠酮）。

90 年代：磷化锌、敌鼠钠、氯敌鼠、杀鼠醚（立克命）、溴敌隆、大隆、杀它仗（氟鼠酮）。

2003 年以后，毒鼠强、氟乙酸钠、毒鼠硅、氟乙酰胺、甘氟等剧毒鼠药已被国家明令禁止，任何人不能生产、销售、使用这些杀鼠剂，违者将被追究刑事责任。

四、药物控鼠技术

药物控鼠就是使用杀鼠剂来控制害鼠的方法。所使用的杀鼠剂既可以是胃毒剂，也可以是熏蒸剂、驱避剂、舔剂、不育剂，其中以胃毒剂应用范围最广泛，是农区鼠害控制的主要防治方式，因此，这里将重点介绍胃毒剂的使用技术。胃毒剂不能直接使用，需要将杀鼠剂与害鼠喜食的食物相混合，害鼠取食含有杀鼠剂的饵料后通过消化系统吸收，引起害鼠中毒死亡或不孕的杀鼠剂品种。在使用胃毒剂进行控鼠时，不是简单地将毒饵投放在田里就行了，若想取得较好的控鼠效果，并使控鼠效果保持更长久，就需要选择合理的控鼠模式，采用合适的杀鼠剂和饵料，在适宜时期内进行科学布放。只有这样，才能取得预期的控鼠效果。

（一）控鼠模式

农区鼠害控制早期，都是以一家一户为主的自发性控鼠模式。是否进行控鼠以及控鼠时间上都很随意，往往是东家灭鼠了，西家却没灭，农田灭鼠了，相邻的养殖场却没灭，或者是这家春季灭鼠了，那家夏季才灭鼠。采用这种灭鼠模式，即使灭鼠区域当时能够取得很好的控鼠效果，但由于周边始终存在充足的鼠源，害鼠通过转移很快就能补充进来，再加上鼠类具有很强的繁殖力，用不了多长时间，灭鼠区域的害鼠很快又会多起来。除此之外，鼠药的使用不当也导致了害鼠的猖獗发生。20世纪80年代、90年代，邱氏鼠药等剧毒急性鼠药充斥鼠药市场，这类鼠药以其见效快、害鼠多死于明处等特点被农民广泛应用。但这类鼠药由于性质稳定、毒性强，在杀死害鼠的同时，也会造成二次或多次中毒，由此杀伤大量猫、蛇等天敌动物，从而使害鼠失去自然天敌的调控，呈现出越治越多的现象。这些剧毒鼠药的泛滥，导致了农区鼠害在20世纪80年代、90年代呈现严重发生的态势，害鼠为害损失严重。针对农区鼠害严重发生的实际情况，北京市在加强鼠情监测的基础上，积极开展了害鼠科学防治技术的研究。1988年，北京市采用比较安全的第二代抗凝血杀鼠剂——溴敌隆，在农田开展了统一灭鼠示范，取得了很好的灭鼠效果。1993—1994年，在昌平区十三陵镇开展了"村镇、农田全方位同步统一灭鼠"示范，有效压低了示范区的鼠密度，得到了示范区农民群众的高度认可。在此基础上，通过对多年灭鼠示范经验的总结和提炼，逐步归纳形成"五统一"和"四不漏"的农田统一灭鼠模式。"五统一"，即统一灭鼠时间、统一宣传培训、统一杀鼠剂及毒饵配制、统一投饵技术和统一检查防效；"四不漏"，即县不漏乡、乡不漏村、村不漏户、户不漏田。这种"五统一"灭鼠模式一直应用在北京市的农田统一灭鼠工作中，多年的实践证明这是一种有效的灭鼠模式。经过30余年连续开展统一灭鼠工作，有效压低了北京市农田害鼠密度，农田鼠密度从1986年的27%下降到1%以下，到目前为止，北京市农田鼠密度已连续10余年控制在1%以下，害鼠为害明显减轻。除农田外，2004年后，畜禽养殖场和水产养殖场也先后开展了统一灭鼠工作，由此，实现了北京市农区鼠害监测与防控工作的全面覆盖，通过三部门协调联动，同步开展灭鼠工作，有效压低了北京市农区鼠密度，为农、牧、渔业的安全生产提供了有力保障。

（二）控制适期

药物控鼠看似在一年中任何时期都可以进行，但要想达到理想的控鼠效果，还是要在适宜的时期开展为好，否则不仅达不到预期的效果，还可能会带来其他不良后果。以农田控鼠为例，夏季控鼠，毒饵易淋水而使持效期缩短，低含量的毒饵被害鼠取食后，不仅杀不死害鼠，还可能诱发抗性的产生。同时由于夏季高温多湿，且害鼠多死于隐蔽处不易被发现，因此，鼠尸短时间内就会腐烂发臭，且臭味会持续较长时间，影响人们的生活。这样的事情在以往的灭鼠实践中确实发生过，一次发生在粮食加工厂，一次发生在户内，两次灭鼠都是在夏季进行的，在采用药剂控鼠后，确实取得了很好效果，但随之而来的鼠尸臭味却迟迟不能退去。秋季是粮食收获时期，田间食物丰富。这时候投饵，由于有新鲜粮食存在，害鼠对毒饵不会有更高的选择性，由此造成害鼠取食不到足够剂量的毒饵，很难杀死害鼠，也无法保证灭鼠效果。

夏季和秋季都不适合药物控鼠，那么在北京农区，哪个季节控鼠效果较好呢？在北京地区，农区最适合控鼠的时期有两个：一个是春季（每年的3月下旬至4月中旬），一个是秋延后（每年的11月下旬至12月上旬）。春季是害鼠一年中鼠密度最低的时期，这是因为受冬季低温及食物匮乏的影响，害鼠种群中体质弱的个体的死亡率会增加。此时进行药物控鼠会有很多的有利条件，如此时农田食物匮乏，害鼠对食物的选择性差；另外，随着气温的回升，害鼠即将进入繁殖期，急需补充大量食物。此时进行药物控鼠，害鼠对毒饵的选择性高，毒饵用量少，且具有很好的灭鼠效果。若不开展春季药物控鼠，害鼠就会对春播的大豆、玉米等作物造成较大的为害，出现缺苗断垄，甚至出现毁种的现象，造成巨大的经济损失。春季虽然是农区控鼠的有利时机，但也存在一定的不足。因为春季是农事活动高峰期，如麦田，春季需要浇返青水和拔节水，且轮灌期较长，此时投放的毒饵易受降水或灌溉的影响，使毒饵的持效期缩短而降低防治效果。因此，在春季进行药物控鼠时，应选择好投饵时机，尽量避开降雨或灌溉等不利条件。秋延后虽然是害鼠种群密度一年中最高时期，但仍是农区控鼠的另一个有利时机。此时田间农作物已收获完毕，秋播作物已出苗，田间食物缺乏，而害鼠已基本完成向农舍、养殖场及农业设施的转移，滞留在农田的害鼠需要大量贮粮以备越冬食用。此时投放毒饵，害鼠就会降低警惕性，对毒饵的选择性增加。投放的毒饵会很快被害鼠搬入洞穴，从而使毒饵在露天滞留时间大幅度缩短，减少降水、灌溉对毒饵的淋融和非靶标动物的取食。而搬入洞穴的毒饵会被其他老鼠共享，从而杀死整窝的老鼠。另外，这个季节，由于部分农田害鼠已完成向农舍、养殖场及农业设施的转移，会导致这些区域鼠密度上升，为害加重，再加上这些区域食物丰富，有利于害鼠生长发育，从而使这些区域成为害鼠越冬鼠源地。若此时对这些区域开展控鼠，就可通过局部灭鼠而实现较大范围的鼠害控制。

虽然春季和秋延后都是农田控鼠的比较适合时期，但二者也存在一定的差异（表4-5至表4-8）。表4-5是顺义区2003年11月在苜蓿田进行毒饵站灭鼠试验时的毒饵消耗情况调查表，试验苜蓿田的鼠密度为 6%，属秋延后控鼠试验；表 4-6 至 4-8 为春季不同农区环境的控鼠试验，其中表 4-6 是顺义区 2004 年 5 月在麦田进行毒饵站灭鼠示范时的毒饵消耗调查表，试验麦田的鼠密度为 9.8%。表 4-7 为 2006 年在顺义区果园进行春季毒饵站灭鼠试验时毒饵消耗调查表，试验果园的鼠密度为 5%。表 4-8 是怀柔区 2009 年在设施进行毒饵站春季控鼠试验时的毒饵消耗调查表，试验区鼠密度为 3%。从 4 个试验调查结果看，随着投饵时间延长，害鼠的取食率均呈下降趋势。药后 15 天，秋延后控鼠试验的平均取食率为 49.2%，春季控鼠试验的平均取食率，麦田为 20.3%、果园为 12.8%、温室为 21.2%，结果表明秋延后控鼠要优于春季控鼠。

表 4-5 苜蓿田秋延后控鼠毒饵站毒饵消耗情况

顺义区：2003 年 11 月

地点	布放位置	毒饵取食量（g）			总取食量（g）	总投饵量（g）	总取食率（%）
		药后 5d	药后 10d	药后 15d			
高丽营镇张喜庄牧草地	地边	321.0	167.0	8.0	496.0	1 500	33.1
	地中	450.0	259.0	206.0	915.0	1 500	61.0
	地边	300.0	207.0	52.0	559.0	1 500	37.3
	地中	382.0	255.2	147.2	784.4	1 200	65.4
合计		1453.0	888.2	413.2	2 754.4	5 700	196.8
平均		363.3	222.1	103.3	688.6	1 425	49.2

表 4-6 春季麦田毒饵站毒饵消耗情况

顺义区：2004 年 5 月

地点	布放位置	毒饵取食量（g）			总取食量（g）	总投饵量（g）	总取食率（%）	平均取食率（%）
		药后 5 d	药后 10 d	药后 15 d				
沙子营麦田	麦田地中	295	179	148	622	3 000	20.7	
	麦田地边	307	198	115	620	3 000	20.7	20.3
汉石桥麦田	麦田渠边、地边	262	178	113	553	3 000	18.4	
	麦田地边	230	306	108	644	3 000	21.5	

表 4-7　果园毒饵站毒饵消耗调查

顺义区：2006 年

重复	毒饵消耗率（%）				
	药后 5 d	药后 10 d	药后 15 d	合计	平均
I	6.5	5.6	2.2	14.3	
II	5.8	5.2	2.0	13.0	12.8
III	4.8	4.5	1.8	11.1	

表 4-8　春季温室毒饵站毒饵量消减量调查

怀柔区：2009 年 4 月

重复	毒饵消耗量（g）				毒饵消耗率（%）	平均毒饵消耗率（%）
	药后 3 d	药后 9 d	药后 15 d	合计		
I	0.7	0.5	1.6	2.7	8.5	
II	11.5	4.7	7.9	24.0	53.3	
III	0.9	0.5	2.5	3.8	15.1	21.2
IV	0	0.5	1.8	2.3	8.1	

为什么春季控鼠的平均毒饵取食率会低于秋延后灭鼠的毒饵取食率呢？造成这种结果是因为北京地区害鼠有冬季储粮习性，秋延后处理时害鼠将毒饵直接搬回鼠洞再吃，毒饵消耗量大，春季处理时是害鼠直接取食，毒饵消耗量较小。由于二者的害鼠对毒饵的处理方式不同，因此，也会造成二者在杀鼠效能上的差异。春季处理时只能杀死取食的害鼠，由于此时害鼠活动频率相对较低，因此，害鼠接触毒饵的概率较小。秋延后处理时毒饵被害鼠搬走而被储存起来，就会给洞穴中其他害鼠提供取食机会，会进一步增加灭鼠范围。事实也证明确实如此，两块秋延后处理的苜蓿田在翌年 3 月夹捕调查，捕获率均为 0。当然，这些试验都是在保护性投饵的前提下进行的，这种保护性投饵一般只占到农田控鼠面积的 20% 左右，大范围应用的仍是裸露投饵方式，易受降水和灌溉等因素的影响，使裸露投放的毒饵在田间的持效期大幅度缩短，一般仅为 7 d 左右，因此，害鼠的取食率会减少一半以上，综合害鼠前期取食量占比和药后 15 d 的取食率来看，春季进行药物控鼠效果不如秋延后。

春季和秋延后是农田控鼠的最佳适期，对于畜禽养殖场、水产养殖场和农户庭院等农区环境的最佳控鼠适期又是什么时候呢？尽管这些农区环境与农田环境有很大的不同，但害鼠的发生规律具有一定的相似性，因此，春季和秋延后也是这些区域控鼠的最佳时期。春季是这些农区环境一年中鼠密度最低的时期，随着气温回升，害鼠将进入繁殖期，在害鼠进入繁殖期前进行控鼠比较节省饵料；秋延后时，田间害鼠已完成向农户、设施保护地、养殖场的转移，害鼠相对集中，此时控鼠就可起到事半功倍的效果。为实现农区灭鼠效益的最大化，北京市农田、畜牧、水产三部门会在每年春季，开展全市农区同步统一灭鼠工作。

（三）杀鼠剂选择

农区控鼠中所使用的杀鼠剂应是合格产品，必须具有"三证"：农药登记证、生产许可证和质量标准证。目前最常用的安全杀鼠剂主要是第一代和第二代抗凝血杀鼠剂，其中杀鼠醚、敌鼠钠盐为第一代抗凝血杀鼠剂，溴敌隆、溴鼠灵、杀它仗等为第二代抗凝血杀鼠剂。由于第一代抗凝血杀鼠剂进行控鼠时需要多次投放，比较费工，因此，这类杀鼠剂在北京农区控鼠中只应用了很短时间。取而代之是溴敌隆、溴鼠灵等第二代抗凝血杀鼠剂，这两种杀鼠剂价格相对较低，操作简便，可采用一次性饱和投饵方式进行控鼠，是北京农区控鼠中应用时间最长、最普遍的杀鼠剂品种。另一种第二代杀鼠剂杀它仗是以成品毒饵存在于市场，价位比较高，在本市也有应用，主要用于城市地下管道控鼠。抗凝血杀鼠剂属亚急效或缓效鼠药，其作用机理：一是降低血液的凝固能力，即阻碍肝脏产生凝血酶原；二是损害毛细血管，使管壁渗透功能增加。应用抗凝血杀鼠剂进行控鼠具有三大优点：一是害鼠中毒后，仍会继续进行取食，直到害鼠内脏出血不止导致死亡，症状类似于得了疾病，没有过激反应，因此，不会引起其他害鼠产生警觉而引起拒食现象，其灭鼠效果要优于急性杀鼠剂；二是中毒的害鼠多死于洞穴或其他隐蔽处，减少了对环境的污染；三是抗凝血杀鼠剂对非靶标动物比较安全，不会造成二次中毒和多次中毒，能够有效减少对鼠类天敌的伤害。为验证抗凝血杀鼠剂的安全性，以便在农区不同环境推广应用，开展了溴敌隆对畜禽的毒力试验。试验用 0.005% 的溴敌隆小麦毒饵饱和饲喂家鸡，饲喂 5 d 始见中毒现象，饲喂 10 d 才出现死亡个体；用 0.005% 的溴敌隆小麦毒饵饱和饲喂体重 15 kg 的山羊，需一次吃下 800 g 的小麦毒饵，才会引起中毒死亡。用中毒死亡的羊肉饱和饲喂狗，未造成狗二次中毒死亡。由此说明，溴敌隆杀鼠剂相对比较安全，可用于不同农区环境害鼠控制。另外，为验证溴敌隆及溴鼠灵不同剂型的控鼠效果，在养殖场和果园进行了防治试验（表4-9、表4-10）。表4-9为2003年在延庆区鸡场进行的溴敌隆和溴鼠灵控鼠效果试验调查结果，可以看出，溴敌隆和溴鼠灵在试验的各种毒饵剂型中，以成品颗粒毒饵和小麦原粮毒饵控鼠效果较好，药后30 d的控鼠效果均达到87%以上，其中以溴敌隆小麦毒饵的控鼠效果最好，药后30 d的校正防效达到89.2%，可见这两种杀鼠剂的两种毒饵剂型均可在养殖场推广应用。两种杀鼠剂的蜡丸毒饵控鼠效果较差，但也达到了80%以上，可用于较湿润环境的控鼠。

表4-9 不同类型杀鼠剂毒饵在养殖场应用效果

延庆区：2003年

处理	防前基数		药后30 d			校正防效（%）
	布粉数（块）	阳性率（%）	布粉数（块）	阳性率（%）	阳性粉块下降率（%）	
0.005%溴鼠灵蜡丸毒饵	35.5	100.0	35.5	18.4	81.6	81.2
0.005%溴鼠灵颗粒毒饵	32.0	100.0	32.0	12.5	87.6	87.2
0.005%溴敌隆蜡丸毒饵	30.0	100.0	30.0	19.2	80.8	80.3
0.005%溴敌隆颗粒毒饵	31.0	100.0	31.0	11.3	88.7	88.4
0.005%溴敌隆小麦毒饵	30.8	100.0	30.8	10.5	89.5	89.2
空白对照	30.5	100.0	30.5	97.4		

表4-10为2002年春季在顺义区果园进行的溴敌隆和溴鼠灵不同毒饵剂型的控鼠效果试验调查结果，可以看出，溴鼠灵小麦毒饵、蜡丸毒饵和溴敌隆小麦毒饵3个处理控鼠效果较好，药后20 d平均校正防效均在91%以上，其中溴鼠灵小麦毒饵平均校正防效最高，达到100%。由此说明，溴鼠灵小麦毒饵、蜡丸毒饵和溴敌隆小麦毒饵均可用于果园等农田环境控鼠，考虑到防治成本，建议实际控鼠时选用溴鼠灵和溴敌隆小麦毒饵。

表 4-10　不同类型毒饵在春季果园应用效果

顺义区：2002 年 4 月

处理	防前鼠密度			防后鼠密度			校正防效（%）
	夹夜数	捕鼠数（只）	捕获率（%）	夹夜数	捕鼠数（只）	捕获率（%）	
溴鼠灵小麦毒饵	100	15	15	100	0	0	100.0
溴鼠灵条状毒饵	100	18	18	100	3	3	84.8
溴鼠灵蜡丸毒饵	100	13	13	100	1	1	93.0
溴敌隆小麦毒饵	100	21	21	100	2	2	91.3
空白对照	100	12	12	100	13	13	

随着抗凝血杀鼠剂在农区控鼠中应用时间的延长，国内许多省份出现了抗性种群，相关的报道也越来越多，为此，北京市植物保护站与中国农业大学鼠害实验室合作，分别于 2006 年和 2008 年对黑线姬鼠和褐家鼠（两个农区主要鼠种）进行了抗性检测，均未发现抗性种群。尽管如此，由于长期使用单一的杀鼠剂品种，仍然存在产生抗性的风险。为做好用于抗性害鼠种群治理的杀鼠剂筛选工作，北京市植物保护站先后引进了两种不同作用机理的杀鼠剂品种——钡制剂和胆钙化醇（维生素 D_3），并在实验室和养殖场进行了毒力检测及控鼠效果试验（表 4-11 至表 4-13）。表 4-11 为 2006 年在通州区养殖场进行的 20.2% 地芬诺酯硫酸钡（商品名为 20.2% 鼠把生化灭鼠剂）药效试验的调查结果，可以看出，20.2% 地芬诺酯硫酸钡灭鼠剂在养殖场药后 15 d 的平均灭鼠效果为 93.1%，具有很好的控鼠效果。且在整个试验过程中，没有发现中毒害鼠出现过激反应，也未出现非靶标动物中毒事件，说明 20.2% 地芬诺酯硫酸钡灭鼠剂是比较安全的。

表 4-11　20.2% 地芬诺酯硫酸钡灭鼠剂灭鼠效果调查

通州区养殖场：2006 年

生态环境	投药前			药后 15 d			药后 30 d		校正防效（%）
	布粉数（块）	阳性粉数（块）	阳性率（%）	布粉数（块）	阳性粉数（块）	校正防效（%）	布粉数（块）	阳性粉数（块）	
库房内外	20	5	25	20	1	83.3	10	0	100.0
1 号猪舍内外	20	12	60	20	2	86.1	10	0	100.0

生态环境	投药前			药后 15 d			药后 30 d		校正防效（%）
	布粉数（块）	阳性粉数（块）	阳性率（%）	布粉数（块）	阳性粉数（块）	校正防效（%）	布粉数（块）	阳性粉数（块）	
2号猪舍内外	20	11	55	20	2	84.8	20	2	83.5
3号猪舍内外	20	10	50	20	1	91.7	10	0	100.0
围墙内	20	5	25	20	1	83.3	20	1	81.8
对照（猪舍内外）	20	9	45	20	11		20	10	

表 4-12 为 2016 年在中国农业大学进行胆钙化醇室内毒力试验的调查结果，可以看出，0.075% 胆钙化醇成品毒饵对试验小白鼠 LD_{50} 的 95% 平均可信限为（38.16 ± 9.15）g/kg，具有很好的控鼠效果，致死时间为 4 ~ 5 d。

表 4-12 0.075% 的胆钙化醇毒饵对昆明系小白鼠的 LD_{50} 试验结果

中国农业大学：2016 年

组别	胆钙化剂量（mg/kg）	毒饵量（mg/kg）	试鼠量（只）	死亡鼠数（只）	死亡率（%）	平均死亡时间（d）	半致死量（LD_{50}）及其置信区间
胆钙化醇/胆钙化醇毒饵	13.61	18.147	12	0	0		LD_{50} = 28.62 mg/kg
	18.14	24.187	12	5	41.6	5.00	=38.16 g/kg
	24.19	32.253	12	8	66.7	4.75	y=0.5792x+3.5736
	32.25	43	12	3	25.0	4.00	$S_{x}50$ = 0.05286 mg/kg
	43.00	57.33	12	7	58.3	4.29	=0.07048 g/kg
	57.33	76.44	12	12	100.0	4.08	LD_{50} 的 95% 置信区间为：
	76.44	101.92	12	11	91.7	4.91	（28.62 ± 6.8083）mg/kg=
对照	0	0	12	0	0		（38.16 ± 9.1507）g/kg

注：Dm = 57.33 mg/kg, Dn=13.61 mg/kg, Xm=1.7584, n=12, K=6, i=0.1249, =5.9796, =4.2018, R=4

表 4-13 为 2016 年在顺义区养殖场进行胆钙化醇控鼠效果试验的调查结果，可以看出，0.075% 胆钙化醇成品毒饵控鼠效果虽然不如常规对照 0.005% 溴敌隆，但经二次投饵后，其累加的平均控鼠效果也达到了 86.8%，具有比

较好的控鼠效果，可以在农区控鼠中推广应用。

表 4-13　不同处理的控鼠效果调查

顺义区养猪场：2016 年

处理	地点	防前基数（块，%）			一次投药灭鼠效果（块，%）				二次投药灭鼠效果（块，%）			
		粉块数	阳性块数	阳性率	粉块数	阳性块数	防治效果	平均	粉块数	阳性块数	防治效果	平均
维生素 D_3	I	107	107	100	99	26	73.7		98	3	88.46	
	II	112	112	100	98	32	67.4	75.8	103	5	84.38	86.8
	III	127	127	100	118	16	86.4		119	2	87.50	
溴敌隆	I	105	105	100	97	0	100.0					
	II	101	101	100	93	0	100.0	100.0				
	III	123	123	100	109	0	100.0					
空白对照	I	112	112	100	103	103	0		102	0	100	
	II	106	106	100	102	102	0	0	105	0	100	100.0
	III	131	131	100	124	124	0		122	0	100	

　　除了引入上述两种新型杀鼠剂外，前几年北京市还引入了莪术醇这种植物源不育剂，在顺义区麦田进行了控鼠试验，但由于目前北京市农田鼠密度普遍偏低，因此，无法对控鼠效果进行准确评估。

　　以上 3 种新型杀鼠剂和不育剂的引入，进一步丰富了北京市农区控鼠可选的杀鼠剂品种，其中钡制剂、胆钙化醇安全性高，控鼠效果均在 85% 以上，可在农区控鼠中推广应用，而不育剂莪术醇对哺乳动物可能有同样不育作用，因此，大面积使用时应尽量避免其他哺乳类动物接触毒饵。尽管这 3 种鼠药可以在农区推广应用，但由于目前这 3 种鼠药在市场上仅出售成品毒饵，其价格与常规的抗凝血杀鼠剂相比，要高出 9 倍左右，因此，在现有的资金支持下短时间内很难进行大范围的推广应用，只能用于抗性害鼠种群的治理，或与不同作用机理的杀鼠剂交替使用以减缓抗性的产生。

　　灭鼠中严禁使用国家已停止或明令禁止的杀鼠剂，其中停止使用的杀鼠剂有安妥、灭鼠优、灭鼠安、红海葱、士的宁、亚砷酸等。明令禁止使用的杀鼠剂有毒鼠强、毒鼠硅、氟乙酰胺、氟乙酸钠、甘氟等，这些鼠药以邱氏鼠药、闻到死、三步倒等几十种商品名称出现在农村集贸市场，以其毒性强、作用速度快，具有很大的迷惑性。违禁剧毒杀鼠剂的为害性主要是造成害鼠拒食和大量二次或多次中毒现象，会极大破坏鼠类与天敌之间自然生态系统的平衡，并且化学性质稳定，对环境污染严重；同时，容易被坏人利用，为害社会安定。

（四）饵料选择及配制

1. 饵料选择

饵料是杀鼠剂的载体，直接影响害鼠的取食量，并最终影响控鼠效果的好坏，因此，灭鼠时应尽量选择害鼠喜食的食物做饵料，但不同地区，不同环境，害鼠喜食的食物存在一定的差异，该如何选择合适的饵料呢？一般做法是以灭鼠环境中常见的主要食物做饵料，最科学的办法是通过投前饵的方法进行选择，具体操作方法：选择灭鼠环境中几种常见的食物，同时投放在灭鼠环境中，观察 3～6 d，分别调查每种食物的取食量，以取食量最多的食物作为饵料。为筛选出养殖场适宜的饵料，2007 年在怀柔区养殖场进行了不同饵料的筛选试验（表 4-14），试验养殖场以褐家鼠为主。从表 4-14 可以看出，害鼠不同饵料选择性存在一定的差异，且对同种饵料选择前后期也存在一定的差异。因为褐家鼠有补水的习性，投药后 3～6 d，褐家鼠取食的主要是多汁的蔬菜饵料，药后 6～9 d，褐家鼠对蔬菜饵料的取食量降低，而对饲料毒饵和小麦毒饵等粮食型饵料取食量增加，其中以饲料毒饵取食量最高，药后 9 d 的取食量达到 196.25 g。由此可见，养殖场进行控鼠最好选择饲料做饵料，或以饲料的主要成分玉米粉（玉米渣）做饵料，对于料库、干饲料饲喂的养殖棚等缺水环境，可同时适当添加一些果蔬饵料，以进一步提高害鼠的取食量。这样的饵料配方在养殖场控鼠实践中得到了应用，大兴区在一个养殖场控鼠时，就在粮食型饵料中加入了蔬菜型饵料，控鼠效果明显提高；通州区在养殖场控鼠时，在干料饲喂的养殖棚投放潮湿的玉米渣毒饵，也使取食量大幅度增加。

表4-14 不同饵料在养殖场取食量调查

怀柔区养殖场：2007年6月

处理	取食量（g）				防前阳性粉块率（%）	防后阳性粉块率（%）	防治效果（%）
	药后3d	药后6d	药后9d	合计			
0.005% 溴敌隆黄瓜毒饵	2.5	92.5	17.5	112.5	33.3	0.0	100.0
0.005% 溴敌隆胡萝卜毒饵	27.5	101.3	38.8	167.5	50.0	0.0	100.0
0.005% 溴敌隆饲料毒饵	0.0	0.0	196.3	196.25	26.7	0.0	100.0
0.005% 溴敌隆小麦毒饵	1.3	23.8	123.8	148.75	20.0	0.0	100.0

在实际控鼠时，由于不同地区、不同的农区环境害鼠能够取食的食物种类不同，因此，所选用的饵料也存在一定的差异，如东北农田一般用玉米渣做饵料，南方农田一般用稻谷做饵料，北京农田、农户庭院用小麦做饵料，畜禽养殖场则用饲料或玉米渣做饵料，库房等干燥环境则用水（配成毒水）或水果丁、蔬菜丁做饵料。

选定好饵料品种后，还要确保所选饵料的质量。控鼠用的饵料必须新鲜、饱满、无霉变，否则会降低害鼠的取食率，甚至出现害鼠拒食现象，从而影响灭鼠效果。除此之外，为增加毒饵对害鼠引诱性和杀鼠剂的活性，配制毒饵（水）时可适当添加一些引诱剂和增效剂。引诱剂可选择食糖、可可粉、香油、味精、食盐等，引诱剂总用量不超过拌饵量的1%；同时还可加入适量的阿司匹林作为增效剂，能加快鼠药的作用速度，用量应不超过鼠药母液用量的0.5%。

2. 毒饵配制

自行配制毒饵能够节省防治成本，在灭鼠资金不足时多采用自行配制方式。配制毒饵有两种方法：浸润法和混合法。浸润法配制毒饵多用于南方稻谷毒饵的配制，只能由人工进行配制，其操作方法：先将杀鼠剂母液按比例配制成药液，再将一定数量的饵料浸入药液中，待药液吸干后备用；混合法多用于北方省份，用于配制小麦、玉米渣等原粮毒饵，其操作方法：对于粉剂型的杀鼠剂，只要将杀鼠剂母粉按比例与饵料充分混合均匀后即可使用；对于液态杀鼠剂，需先将杀鼠剂母液用一定量的清水稀释成药液，装入喷雾器中，均匀喷洒在饵料上，边喷边用铁锹搅拌，至饵料着色均匀，堆闷后即可使用。大面积控鼠所需的毒饵量大，为确保安全和毒饵的配制质量，配制过程需在专业技术人员的监督指导下，采用人工配制、搅拌机或种子包衣机等方法进行集中配制。

配制毒饵的质量与药液量、饵料质量、配制方法等因素有关，其中饵料质量、配制方法又直接影响药液量的多少。所用的饵料质量好，则需要的药液量就少，不同的配制方法需要的药液量也不同，采用机械配制毒饵时需要的药液量要比人工配制方法少。不同的饵料需要的药液量也会不同，配制毒饵时的药液量一般随着所用饵料表面积的增加而增加，饵料表面积越大，需要的药液量就越大。配制毒饵时要选择适宜的药液量，才能确保毒饵的配制质量，所用药液量过大、过小都会降低毒饵的质量。当使用的药液量过小时，饵料就不容易拌匀，出现较多的白饵，造成部分毒饵超过设计含量，部分毒饵杀鼠剂含量低或成无毒白饵；当药液量过大时，配制毒饵时就会造成药液流失，使毒饵达不到设计的有效成分含量。如何确定适宜的药液量呢？应根据饵料的种类、质量及采用的配制方法等确定，以饵料能够充分拌匀的最低药液量为宜，具体数值可通过先少量配制来获得。为便于大家掌握，下面将以配制 0.005% 的溴敌隆毒饵为例，介绍北京市农区常用几种毒饵的配制方法。

小麦毒饵：若所用小麦饵料饱满、干净时，所用药液量就小；若所用小麦饵料干瘪、碎粒多、杂物多时，所用药液量就大。采用不同配制方法所使用的水量也有所不同，人工配制需用水量大，机械配制需用水量少。具体配制方法：将引诱剂和增效剂用温开水溶化后，加入溴敌隆母液 1 kg，再用适量的清水稀释成所需药液量。采用人工配制时需对水配成 5 ~ 8 kg 的药液，用喷壶将药液均匀喷在 100 kg 小麦上，边喷边拌至拌匀为止，配制操作时最好在塑料布上或光滑的水泥地上进行。机械配制时，需对水配成 3 ~ 4 kg 药液，将药液喷洒在小麦上，机械拌匀即可。配制好毒饵需盖塑料布堆闷 1 ~ 2 h，待饵料将药液充分吸收后，即可使用。

过筛玉米渣毒饵：多用于养殖场环境控鼠，一般采用人工方法进行配制，现用现配。具体配制方法：将引诱剂和增效剂用温开水溶化后，加入溴敌隆母液 1 kg，用清水稀释成 10 ~ 15 kg 药液，用喷壶将药液均匀喷洒在 100 kg 玉米渣上，边喷边拌，配制操作时最好在塑料布上或光滑的水泥地上进行。拌匀后，盖上塑料布堆闷 1 ~ 2 h，待饵料将药液充分吸收后，即可使用。

毒水：用温开水将引诱剂和增效剂溶化后，再将杀鼠剂母液倒入容器，按杀鼠剂：水 =1 ： 99 的比例对水配成药液，搅拌均匀后即可使用，主要用于养殖场、库房等干燥缺水环境。

配好的毒饵，应着色均匀，溴敌隆毒饵一般为粉红色（警戒色），溴鼠灵毒饵一般为蓝绿色，出现的白粒越多，则灭鼠效果越差。配制的毒饵最好使用专用包装袋进行分装，并应附具使用说明书，以方便用户正确使用。

（五）毒饵投放

投饵是药物控鼠中的一个关键环节，直接关系到控鼠效果的好坏。实际灭鼠中，应根据害鼠的种类、密度、活动规律和鼠栖环境特点等确定投饵量、投饵位置和投饵方式，并由经过培训的专业投药员进行规范投饵。

1. 投饵量

投饵量大小与鼠密度和投饵方式有关。鼠密度大时就要加大单位面积上投饵量，反之，将减少单位面积上投饵量。以大田为例，当鼠密度低于 3% 时，每亩投饵量 50 ～ 100 g；鼠密度在 3% ～ 10% 时，每亩投饵量 100 ～ 150 g；鼠密度高于 10% 时，每亩投饵量 150 ～ 200 g。在具体投饵时，投饵量可通过增加或减少投饵次数、投饵的堆数、投饵堆距、药带间距、投饵方式等方法来进行适当调整，在确保防控效果的基础上，尽量减少投饵量。同时要规范投饵，禁止大堆投放毒饵或漫撒毒饵。根据害鼠的取食特点，毒饵应成堆投放，不同农区环境每堆的投饵量不同。大田每堆投饵量 5 ～ 10 g，农舍每堆投饵 15 ～ 20 g，养殖场每堆投饵 50 ～ 100 g。在实际控鼠时，采用的投饵方式不同所需要的投饵量也有所不同，在采用一次性饱和投饵方式时，如农田环境进行控鼠，投饵时一定要一次投足毒饵。而采用多次投饵方式时，如养殖场、农户、设施等环境进行控鼠，就可一次投放少量毒饵，但每天需检查毒饵取食情况，并及时补充消耗的毒饵，至害鼠不再取食为止。

2. 投饵方法

农区药物控鼠可采用两种投饵方法，即裸露投饵和保护性投饵。裸露投饵就是将毒饵直接投放到环境中的投饵方法，该方法简便易行，但易被非靶标动物误食，易被雨水或灌溉水淋溶而污染环境。保护性投饵就是将毒饵投放在特制的容器或特定的位置，以防止非靶标动物误食的投饵方法，如毒饵站投饵、鼠穴和洞道投饵等。目前两种投饵方法在农区害鼠防控中都有一定的应用范围，在实际控鼠时不管是采用哪种投饵方法，都不能随意投放毒饵，而是需要按照一定规则进行规范投饵。由于农区控鼠涉及的环境类型较多，每种农区环境害鼠发生特点不同，因此，投放毒饵时需要采用不同的投放技术。

（1）裸露投饵：根据投饵的范围和位置，裸露投饵又分为重点区域投饵、递减式条带投饵和均匀条带式投饵3种投饵方式，具体选择哪种投饵方式，应根据控鼠区域的害鼠分布特点而定。当害鼠栖息地比较集中时，一般选择重点区域投饵方式，仅在害鼠栖息地进行投饵；当害鼠分布比较均匀时，一般选择均匀条带式投饵方式进行投饵，即每隔一定的距离就设置一条药带；当一个环境中鼠密度分布呈现递减趋势时，如畜禽养殖场及农舍外围农田，越靠近养殖场和农舍鼠密度就越高，在这种农区环境控鼠时最好采用递减条带式投饵方式，沿养殖场和农舍外围向农田方向，药带间距逐渐加大，投饵量逐渐减小。在实际操作时，不管采用哪种裸露投饵方式进行投饵，最好都将毒饵投放在作物垄间或障碍物下，而不要投放在裸露的地表，以减少鸟类等非靶标动物误食。根据不同农区环境的害鼠发生特点和以往的防控经验，可将北京市农区环境划分为4种类型，针对不同的农区环境应选择不同投饵方式。

大田：建议采用均匀条带式投饵方式或灌渠、地边重点区域投饵方式，适用于粮田、稻田、药材田、饲草田、露地菜田、果园、荒地、绿化带等环境控鼠。渠灌粮田、稻田、露地菜田等采用重点区域投饵方式，沿灌渠、地边顺向投饵，间隔5 m投饵一堆，每堆投饵5～10 g；无排灌渠粮田、药材田、饲草田、果园、荒地、绿化带等环境采用均匀条带式投饵方式，按照5 m×10 m间隔的平行条带进行布放，即堆距5 m，行距10 m，每堆投饵5～10 g，实际操作时可根据鼠密度高低适当调整药带间隔和堆距，鼠密度高时，采用较低的堆距或较小的药带间隔。

设施保护地：沿设施内外、园区四周围墙的墙根顺向投放毒饵，间隔5 m投放一堆，温室工作间内投饵1～2堆。园区的杂物堆旁、厕所周边、库房内外等处间隔5 m投饵1堆，每堆投饵5～10 g。

畜禽养殖场：沿养殖棚内外、拌料间、养殖场周边围墙等处的墙根间隔5 m投饵一堆，每堆投饵50～100 g，每个鼠洞或顶棚鼠道也要投饵50～100 g；料库采用毒水法或蔬菜毒饵进行控鼠，沿墙边、料堆旁间隔5 m摆放一毒水盒（直径10 cm×高3 cm），加入1/3～1/2容积的毒水；或在毒水盒内加入50～100 g的蔬菜毒饵。为保证控鼠安全，毒饵要晚布晨收，以免误食，并及时检查补充毒饵，至害鼠不再取食为止。

农户：采用重点区域投饵方式，沿庭院墙根、厕所墙根、杂物堆旁、街道两侧、村子周边，间隔5 m投饵一堆，每堆投饵15 ~ 20 g。有散养畜禽的农户，毒饵应投放在障碍物下、毒饵站内或用砖瓦遮挡，避免误食。

（2）毒饵站灭鼠：毒饵站是一种害鼠能够自由出入而阻止其他非靶标动物进入的有开口的盛放毒饵容器，是一种保护性投饵方法。使用毒饵站进行投饵可避免毒饵被非靶标动物误食，防止雨水、灌溉水冲刷毒饵，能有效延长毒饵的作用时间，提高毒饵利用率和控鼠效果，是目前农区控鼠中应用范围较大的一项安全灭鼠技术。在引进这项技术后，北京市开展了多项试验示范研究，证明毒饵站灭鼠技术具有环保、经济、持久、高效、安全五大优点。2007年春季，对大兴和昌平两区裸露投放的毒饵和毒饵站内投放的毒饵分别进行了取样，并通过北京市植物保护站药检所对相关样品进行了杀鼠剂残留检测。经检测，农田裸露投放7 d的溴敌隆小麦毒饵的有效成分含量为0.002%，而毒饵站内投放7 d的毒饵有效成分含量为0.004%，毒饵站内投放15 d的毒饵有效成分含量仍为0.004%。出现这种检测结果的原因主要是裸露投放的毒饵易受降雨、灌溉等因素的影响，造成杀鼠剂淋溶，从而使毒饵的作用时间缩短。从抽检的样品外观也能看出这种变化，裸露投放7 d的小麦毒饵警戒色颜色明显变浅，投放15 d的毒饵已基本看不出警戒色，部分麦粒甚至开始发芽，而毒饵站中的毒饵却保持良好，投放15 d的毒饵警戒色仍然正常。由此说明毒饵站确实能够防止雨水对毒饵冲刷，有效延长毒饵作用时间。毒饵作用时间的延长，使害鼠有更多的机会接触到毒饵，能够大幅度提高毒饵的利用率，并提高控鼠效果。另外，采用毒饵站保护性投饵后，能够避免毒饵与土壤直接接触，从而有效减少了对土壤及地下水的污染。基于毒饵站保护性投饵具有的这些优点，其已成为北京市重点推广的控鼠技术，在全市农区控鼠中得到了广泛应用，近些年，全市农区每年应用面积达到10万亩以上。

可用于制作毒饵站的材质很多，很容易获得，如饮料瓶、瓦楞纸、陶土、PVC管、砖瓦垒砌、塑料、竹筒等材质都可用来制作毒饵站。具体选择哪种材质更好，主要是根据材质耐用性、是否容易丢失、是否容易加工和资金情况等因素综合判定，在实际应用中可自行选择。在北京市农区控鼠中，主要使用陶土、PVC管、塑料、瓦楞纸4种材质毒饵站。在实际使用时，这4种毒饵站各有优缺点。陶土材质毒饵站的优点是一次布放可重复使用，不易丢失，制作成本高，缺点是加工比较费时，布放比较费工，容易破损，阴雨天使用时毒饵容易受潮；PVC材质毒饵站加工简便，一次布放可重复使用，有很好的防水性，制作成本较高，略低于陶土材质毒饵站，缺点是布放比较费工，容易丢失；塑料（为再生塑料）材质毒饵站优点是价格较低，防水性能好，毒饵站上下部分可拆分，便于投饵操作，其下半部分有食槽，可投放毒饵、毒水或布放粉块，用于害鼠防控或鼠密度调查，缺点是容易被风刮走，使用时需固定，高温时有塑料气味，会影响害鼠取食；瓦楞纸材质毒饵站优点是制作简便，价格较低，运输和投放比较方便，缺点是容易被风刮走，布放时需用竹签固定，遇雨易变形，野外使用寿命短。对于褐家鼠等较大体型的鼠种，害鼠进入取食时会发生颤动，对害鼠取食有一定的影响。

尽管不同材质均可用来制作毒饵站，但在使用不同材质的毒饵站进行控鼠时，害鼠对不同材质毒饵站内毒饵的取食率却存在一定的差异（表 4-15）。表 4-15 为 2007 年在通州区养殖场进行不同材质毒饵站防控效果试验时的害鼠取食情况调查表，可以看出，在试验提供的 4 种材质的毒饵站中，以 PVC 和陶土两种材质毒饵站药后 15 d 的取食率较高，累计取食率分别达到 13.3% 和 12.6%，纸制材质毒饵站取食率最低，累计取食率仅为 8.9%。从取食的时间上看，PVC 和陶土两种材质毒饵站前 9 d 的取食量明显高于其他两种材质的毒饵站。害鼠取食量越多说明控鼠的效果越好，因此，在养殖场控鼠时，在经济容许的情况下最好选择 PVC 和陶土材质制作毒饵站。

表 4-15 不同材质毒饵站毒饵取食情况

通州区：2007 年 6 月

毒饵站类型	取食量（g）					合计（g）	总取食率（%）
	药后 3 d	药后 6 d	药后 9 d	药后 12 d	药后 15 d		
陶土毒饵站	25.3	19.9	16.5	1.5	0.0	63.1	12.6
纸制毒饵站	6.8	16.8	14.3	6.4	0.3	44.4	8.9
塑料毒饵站	4.5	21.6	16.5	9.1	0.8	52.5	10.5
PVC 毒饵站	25.3	16.6	19.3	5.1	0.0	66.3	13.3

确定好制作毒饵站的材质，毒饵站要做多长才合适呢？是不是毒饵站做得越长越好？为解决这个问题，我们用 PVC 材质的毒饵站开展毒饵站适于长度试验。表 4-16 为 2006 年在通州区养殖场进行的毒饵站长度筛选试验的调查结果，从中可以看出，随着毒饵站长度的增加，害鼠对毒饵取食率呈下降趋势，在设置的 5 个毒饵站长度中，以 20 cm、30 cm 长度的毒饵站取食率

较高，药后 15 d 的累计取食率分别为 19.1% 和 19.2%，以 60 cm 长度的毒饵站累计取食率最低，仅为 8.4%。由此说明农区控鼠使用的毒饵站适宜长度为 20 ~ 30 cm。但在实际应用中，20 cm 的毒饵站由于长度太短，害鼠取食时经常会造成毒饵外泄而起不到保护性投饵的作用，因此确定北京市农区毒饵站的适宜长度为 25 ~ 33 cm。同时根据北京市农区害鼠多为中小型鼠种，由此确定毒饵站开口直径为 6 ~ 8 cm。为防止雨水进入和鸟类等非靶标取食，在制作毒饵站时，需在毒饵站两端各留 5 cm 长的遮雨板。在室外应用毒饵站控鼠时，需在毒饵站上安装固定支架，使毒饵站高于地面 3 ~ 5 cm，以防止地表水进入。

表 4-16 不同长度毒饵站食饵消耗量调查情况表

通州区：2007 年 8 月

毒饵站长度 （cm）	取食量（g）					总取食量 （g）	总取食率 （%）
	药后 3 d	药后 6 d	药后 9 d	药后 12 d	药后 15 d		
20	43.8	29.3	19.2	1.9	1.0	95.3	19.1
30	43.9	28.4	17.9	5.8	0.0	96.1	19.2
40	28.8	17.4	8.6	4.0	1.0	59.8	12.0
50	25.3	20.5	4.7	0.0	0.0	50.5	10.1
60	22.3	18.5	1.3	0.0	0.0	42.0	8.4

在应用毒饵站进行农区控鼠时，由于造价比较高，因此，投放的毒饵站数量不可能像裸露投饵那样多，若投放的位置不当，会直接影响控鼠效果的好坏。针对不同的农区环境和不同害鼠的发生分布规律，该如何正确投放毒饵站呢？

大田毒饵站布放方法：在渠灌粮田、稻田、露地菜田等环境进行控鼠时，采用重点区域布放方式，即沿地边、排灌渠，间隔 20 m 顺向布放一个毒饵站；无排灌渠粮田、药材田、饲草田、果园、荒地、绿化带等环境采用均匀条带式布放方式，从一侧地边开始，按 20 m×30 m 均匀条带式进行布放，即毒饵站间隔 20 m，条带间隔 30 m。在实际控鼠时，操作者可根据鼠密度大小，通过增加或减少条带间隔距离来增加或减少单位面积上毒饵站数量（具体分类可参见裸露投饵中有关投饵量的相关内容）。每个毒饵站内投饵 15 ~ 30 g，及时检查补充毒饵至不再取食为止。

设施保护地毒饵站布放方法：在设施前后缘、操作间各布放一个毒饵站，设施外沿后墙墙根或前缘间隔 20 m 布放一个毒饵站；园区四边围墙墙根间隔 20 m 顺向布放一个毒饵站；杂物堆下、厕所旁、库房内外各布放 1 ~ 2 个毒饵站。每个毒饵站投饵 15 ~ 30 g，及时检查补充毒饵至不再取食为止。

畜禽养殖场毒饵站布放方法：沿养殖棚内外、拌料间、养殖场周边围墙等墙根间隔 8 ~ 10 m 布放一个毒饵站；在养殖场的院墙内，沿墙根间隔 10 ~ 20 m 顺向布放一个毒饵站。每个毒饵站投饵 50 ~ 100 g，同时在每个鼠洞或顶棚鼠道也要投饵，每处投饵 50 ~ 100 g，及时检查补充毒饵至不再取食为止。

农户毒饵站布放方法：在庭院的厕所、杂物堆下各布放一个毒饵站；街道两侧、村子周边，间隔 10 ~ 20 m 布放一个毒饵站，每个毒饵站投饵 15 ~ 30 g，及时检查补充毒饵至不再取食为止。

（3）毒饵的持效时间：目前农区控鼠使用的杀鼠剂多为亚急性或慢性杀鼠剂品种，害鼠需要取食足够剂量的杀鼠剂才会致死。而害鼠取食时不会一次性吃饱，而是进行少量多次取食，同时褐家鼠等鼠种还有很强的新物反应，对新出现的食物不会立即取食，只有判定这种食物无害后才会开始取食。表 4-17 是 2002 年在顺义区养殖场进行有无挡板毒饵站取食量比较试验的调查结果，试验中各毒饵站内投放的均是无毒的玉米面，两种毒饵站各布放 15 个。试验结果表明，挡板的有无对害鼠取食量没有影响，但从害鼠每日的取食情况来看，在投饵后前 2 d，两种类型毒饵站内的饵料均没有被取食，所有毒饵站内的毒饵都是 3 d 后才开始取食，这说明害鼠对新出现的食物确实存在新物反应。

表 4-17　有无挡板 PVC 毒饵站的摄食量比较

顺义区养殖场：2002 年

毒饵站类型	取适量（g）						总取食量（g）	总投饵量（g）	取食率（%）
	1 d	2 d	3 d	4 d	5 d	6 d			
有挡板毒饵站	0.0	0.0	14.6	29.4	46.3	48.9	139.2	600.0	23.2
无挡板毒饵站	0.0	0.0	14.4	24.5	47.3	51.8	137.9	600.0	23.0

不管是由于害鼠取食特点的原因还是新物反应的原因，要想使害鼠取食的毒饵达到致死量，都需要毒饵在环境中保持足够的持效时间，只有这样，才能取得较好的控鼠效果。在实际控鼠中，特别是在春季采用裸露投放方式

进行控鼠时，毒饵易受雨水或灌溉水的淋溶，而降低杀鼠剂含量，使毒饵的持效期缩短，不仅影响防治效果，还可能诱发害鼠抗性的产生。因此，为保证毒饵有足够的持效期，投放毒饵时应查看天气预报，咨询实施灭鼠区域的农事管理情况，尽可能保证灭鼠区域7d内没有降水或进行灌溉。

（六）控鼠效果评估

用抗凝血杀鼠剂进行控鼠，害鼠多死于洞穴或隐蔽处，很难用计数鼠尸的多少来评估控鼠效果，一般用粉迹法、食饵法、计数洞口法或夹捕法对控鼠效果进行评估。由于夹捕法会对害鼠种群产生扰动，在一定程度上会影响控鼠效果的准确性，因此，采用夹捕法调查控鼠效果，需在鼠密度较高时使用。在鼠密度较低时，最好使用粉迹法、食饵法或计数洞口法等进行控鼠效果调查。具体调查方法：在灭鼠前3d和灭鼠后15d分别进行调查，每个区要设置5～10块调查样地，每个样地调查100夹夜或布粉100块（无毒食饵100堆，100～300延长米的洞口数），以捕获率下降率或有效粉块（有效取食堆数、有效洞口数）下降率表示。当有空白对照设置时，还可计算校正防效。计算公式：

$$\text{夹捕率下降率（\%）} = \frac{\text{防治前夹捕率} - \text{防治后夹捕率}}{\text{防治前夹捕率}} \times 100$$

$$\text{阳性粉块率下降率（\%）} = \frac{\text{防治前阳性粉块率} - \text{防治后阳性粉块率}}{\text{防治前阳性粉块率}} \times 100$$

$$\text{有效洞口下降率（\%）} = \frac{\text{防治前有效洞口率} - \text{防治后有效洞口率}}{\text{防治前有效洞口率}} \times 100$$

$$\text{校正防效（\%）} = \left(1 - \frac{\text{投药区药后夹捕率} \times \text{对照区投饵前夹捕率}}{\text{投药区药前夹捕率} \times \text{对照区投饵后夹捕率}}\right) \times 100$$

（七）灭鼠安全措施

大面积使用抗凝血杀鼠剂虽然对畜禽比较安全，但仍属高毒药剂，在使用中应做好安全措施，防止人畜中毒事件发生。

（1）配制毒饵时和投饵人员需戴手套、穿工作服，避免药液直接接触皮肤，如果接触皮肤要用肥皂反复冲洗干净。

（2）投饵人员要配备专用的投饵工具，投饵工具用完后要集中处理，投饵过程中严禁吸烟、吃食物。

（3）加强鼠药及毒饵管理，要专库、专人保管，严格出入库制度，严防鼠药流失。剩余毒饵应集中回收，统一保管。

（4）投药区域要设立警示标志，投药区一个月内禁止放牧。

（5）养殖场、农户灭鼠过程中要设立专人负责，及时清理死鼠，鼠尸要进行杀菌、杀虫处理，并进行深埋。设施保护地及养殖场投药 3 d 后应封堵鼠洞，以防止跳蚤等鼠体寄生虫扩散。

（6）维生素 K_1 是此类鼠药的特效解毒剂，一旦发生中毒事故，要及时到附近的医院进行救治。

五、常用鼠药介绍

（一）国内允许使用的鼠药

（1）磷化锌（别名耗鼠净）：是现在唯一使用的无机化合物杀鼠剂。化学纯品为海绵状灰色金属态块，或深灰色粉末，有类似大蒜气味。为急性杀鼠剂，毒力发挥较快，死鼠多发生在 24 h 内。磷化锌选择性差，对鸟类十分敏感。使用浓度为 3% ～ 10%。

（2）氟鼠灵（别名杀它仗、氟鼠酮、氟羟香豆素）：纯品为灰白色粉末，难溶于水，溶于丙酮。属第二代抗凝血杀鼠剂，其化学结构与生物活性与大隆类似，适口性好，毒力强，使用安全。氟鼠灵对非靶标动物安全，但狗对其敏感，对鱼高毒。商品有 0.1% 粉剂和 0.005% 饵剂。

（3）杀鼠灵（别名灭鼠灵、华法灵）：纯品为白色结晶粉末。工业品略带粉红色，微溶于甲醇、乙醇、乙醚和油类，不溶于水。为第一代抗凝血杀鼠剂，适口性好，防治褐家鼠的使用浓度为 0.0125%，防治多种鼠种使用浓度为 0.025%，需连续投放毒饵 3 ～ 4 d。市场上产品有 8% 杀鼠灵钠盐母液（高毒）、2.5% 杀鼠灵母粉（高毒）、0.025% 杀鼠灵饵剂（高毒）。

（4）杀鼠醚（别名立克命、鼠毒死、杀鼠萘）：纯品为黄色结晶粉末，无臭无味，不溶于水。为第一代抗凝血杀鼠剂，其毒力与杀鼠灵相当，适口性好，配制好的毒饵带有香蕉味。中毒潜伏期 7 ～ 12 d，二次中毒危险小。使用浓度在 0.037% ～ 0.05%，需连续投放毒饵 3 ～ 4 d。市场上产品有 7.5% 杀鼠醚母液（高毒）、3.75% 杀鼠醚母液（高毒）、0.75% 杀鼠醚母液（高毒）、0.0375% 杀鼠醚饵剂（低毒，原药高毒）。

（5）敌鼠钠盐（别名敌鼠钠、双苯杀鼠酮钠盐）：纯品为淡黄色粉末，无臭无味，无腐蚀性，化学性质稳定。敌鼠钠盐是目前应用最广泛的第一代抗凝血杀鼠剂，中毒潜伏期 3 ~ 4 d。敌鼠钠盐防治家鼠的使用浓度为 0.025% ~ 0.03%，防治野鼠的使用浓度在 0.05% ~ 0.1%，需连续投放毒饵 3 ~ 4 d。对人畜安全，但对猫、狗会发生二次中毒。市场上产品有 10% 增效敌鼠钠盐母液（高毒）、0.1% 敌鼠钠盐饵剂（中等毒）、0.02% 敌鼠钠盐饵剂（高毒）、0.025% 敌鼠钠盐饵剂（高毒）。

（6）氯敌鼠：产品为黄色针状结晶，无色无味，不溶于水，可溶于丙酮、乙醇、乙酸乙酯和油脂，化学性质稳定。急性毒力比杀鼠灵大，对人和家畜毒力小，中毒潜伏期 4 ~ 5 d，适口性好。使用浓度为 0.005% ~ 0.025%。

（7）溴敌隆（别名乐万通）：纯品为白色结晶粉末，工业品呈黄白色，几乎不溶于水，性质稳定，在 40 ~ 60℃ 的高湿下不变质。为第二代抗凝血杀鼠剂，毒力强，适口性好，二次毒性小，对多种鼠类有高毒力，对小家鼠杀灭效果最好。一般使用浓度在 0.005%。市场上产品有 0.5% 溴敌隆母液（高毒）、0.5% 溴敌隆母粉（高毒）、0.005% 溴敌隆毒饵（低毒，原药高毒）、0.01% 溴敌隆毒饵（高毒）。

（8）溴鼠灵（别名溴鼠隆、杀鼠隆、溴联苯、大隆）：纯品为黄白色结晶粉末，不溶于水，可溶于氯仿。溴鼠灵为第二代抗凝血杀鼠剂，是各种抗凝血杀鼠剂中毒性最强的一种，对各种鼠类的急性口服 LD_{50} 均小于 1 mg/kg，对非靶标动物较危险。使用浓度为 0.001% ~ 0.005%，市场上产品有 0.5% 溴鼠灵原药（高毒）、0.5% 溴鼠灵母液（高毒）、0.005% 溴鼠灵饵剂（低毒，原药高毒）。

（9）胆钙化醇（维生素 D_3）：纯品晶体状，低毒，产品为 0.75% 胆钙化醇饵剂，是目前我国登记的唯一一种可在绿色农产品生产中应用的杀鼠剂品种。其作用机理是促进肠道对钙、磷的吸收，同时动员鼠骨骼基质中储存的钙进入血液，减少肾脏对钙的排泄，使血液中的钙含量快速提升，引发软组织钙化，从而导致害鼠死亡。该产品需两次投饵才能确保防治效果。每次需连续投饵 3 ~ 4 d，第一次投饵后 15 d 需再投饵一次。

（10）雷公藤甲素：为新型植物源不育剂，其有效成分为雷公藤多苷，以卫矛科雷公藤属植物雷公藤为原料粗提而成。雷公藤对睾丸生精细胞、卵巢的卵泡细胞具有显著抑制其生成的作用。产品有 0.25 mg/kg 雷公藤甲素，具有杀灭致死作用，对雌、雄鼠都具有抗生育双重作用。

（11）莪术醇：为植物源不育剂，是从姜科姜黄属植物莪术中提取而成。产品有 0.2% 的莪术醇颗粒，莪术醇能够引起雌鼠怀孕率明显下降，是一种雌性不育剂。

（二）国内明令禁止的剧毒鼠药

（1）毒鼠强：化学名称为四亚甲基二蓝砜四胺，俗叫没鼠命、四二四。商品名甚多，如好猫鼠药、闻到死、速杀神、王中王、灭鼠王、华夏药王、神奇诱鼠精、一扫光、强力鼠药、三步倒、毒鼠灵等。合成工艺简单，由硫酰胺和甲醛在酸性溶液中回流合成，纯品呈正方形结晶，无色无味，化学性质稳定，是一种强烈的中枢神经刺激药物。中毒症状主要是阵发性抽搐。作用迅速，大剂量时，中毒动物死于 3 min 以内。对所有的温血动物都有剧毒，没有选择性毒力。能长期滞留在植物体内，二次中毒危险性很大。

（2）毒鼠硅：化学名称是 1-（对氯苯基）-2，8，9- 三氧 -5- 氮 -1- 硅双环（3，3，3）十一烷，又叫氯硅宁、RS-150。由氯苯硅二乙酯和三乙醇胺回溜合成。纯品为白色结晶粉末，无臭，味苦。水溶液很不稳定，分解成无毒产物对氯苯硅氧烷和三乙醇胺。作用很快，鼠摄食后很快出现中毒症状，表现为兴奋，抽搐，10 ~ 30 min 死亡，没有特效解毒剂。

（3）氟乙酰胺：又叫 1081、敌蚜胺，纯品为白色结晶，无色无味。作用速度快，老鼠表现出烦躁不安、呼吸急促，常常在抽筋后死亡。能够被健康皮肤吸收，可被植物内吸，性质稳定，容易引起二次中毒或三次中毒。

（4）氟乙酸钠：又叫 1080，纯品为白色结晶，稍有咸味，比较稳定，易吸水潮解。能被植物吸收，受伤的皮肤和黏膜也会吸收氟乙酸钠，易造成二次中毒或三次中毒。

（5）甘氟：化学名称是 1，3- 二氟丙醇 -2（70% ~ 80%）和 1- 氯 -3-氟丙醇 -2（20% ~ 30%）的混合物。纯品为无色或微黄色透明液体，略有酸味，性质稳定，甘氟易挥发。老鼠潜伏期一般 2 ~ 3 h，通常死于 24 h 内，也有长达 72 h 者。二次中毒危险性比氟乙酸钠和氟乙酰胺小。甘氟是一种植物内吸性毒物，在植物体内能滞留 30 d 左右。

六、杀鼠剂中毒急救

杀鼠剂都具有一定的毒性，每年也都会有因鼠药而发生中毒事故。杀鼠剂中毒主要来源于 3 个途径：一是误食，二是投毒，三是轻生。不管是哪种原因引起的，一旦发生中毒情况，应及时将受害人送往附近医院进行救治。不同的杀鼠剂毒力不同，作用机理也不相同，中毒急救的方法也存在一定差别，在将受害人送往医院进行救治时，需告知医生引起中毒的杀鼠剂种类，以方便医生对症救治。

（1）溴敌隆、敌鼠钠盐等抗凝血杀鼠剂主要是破坏体内微循环系统，造成内脏出血不止。中毒急救办法：立即进行催吐、洗胃或导泻，并肌内注射 5 ~ 10 mg/kg 的维生素 K_1。

（2）磷化锌等主要通过释放磷化氢气体达到毒杀作用。中毒急救办法：用 1% 的硫酸铜溶液催吐或用 0.1% ~ 0.5% 硫酸铜或 0.04% 高锰酸钾洗胃，至洗出液无蒜味为止。

（3）毒鼠强是一种强烈的中枢神经刺激药物，中毒潜伏期较短，多在进食后 1 h 内发病，最短为数分钟。中毒症状主要是阵发性抽搐。轻者仅感头晕头痛、恶心欲吐及肢体乏力；重者则突然四肢抽搐，阵发性惊厥，甚至昏迷，如不及时治疗，中毒者可因剧烈的强直性惊厥导致呼吸衰竭死亡。中毒急救办法：立即进行催吐，及时送医院治疗。此药没有特效解毒剂。只能对症使用安静剂，巴比妥类药物进行缓解。近年来，已有资料表明巯基化合物对毒鼠强急性中毒有一定的治疗作用。

（4）氟乙酰胺类：重度氟乙酰胺中毒与毒鼠强中毒症状十分相似。中毒急救办法：要立即催吐，并用 0.2% ~ 0.5% 氯化钙或稀石灰水反复洗胃，或口服硫酸镁或硫酸钠 30 g 进行导泻。口服或肌内注射乙酰胺解毒剂。

第四节　围栏陷阱技术（TBS）

一、TBS 控鼠原理及应用情况

TBS 是 Trap-barried System 的英文缩写，全称围栏陷阱技术，是一种纯物理控鼠方式。TBS 起源于东南亚水稻种植区，由物理屏障和连续捕鼠装置组成，是一种新型物理灭鼠技术。TBS 捕鼠原理是利用鼠类对食物的趋性及沿障碍物行走的习性，通过设置在围栏下的陷阱捕杀害鼠，具有一次安装、长期控鼠的特点。

该技术是在 21 世纪初引入我国的，最先在内蒙古的麦田进行了控鼠示范，当时采用的是封闭式围栏，即在田块四角及中间各设立 1 个 200 m² 封闭围栏，围栏内提前 1 ~ 2 周种植小麦作为诱集区，围栏下间隔 5 m 设一个捕鼠桶，当年捕获了上千只害鼠，而且捕获的害鼠种类和幼龄鼠数量明显高于夹捕法。鉴于此，2008 年北京市引进该项技术，考虑到北京市农机作业率高，若每次农机作业都要拆卸 TBS 确实不便，因此，未在农田开展试验，而是将试验设在怀柔区一个果园进行，围栏内种植了花生做诱集作物，虽然也捕到了害鼠，但捕鼠效果不是很理想，因此，也就停止了该项试验。近些年，随着 TBS 技术在农区鼠害监测和鼠害防控中的应用推广，TBS 的应用技术也得到进一步改进，线性 TBS 取代了封闭式 TBS,并被证明与封闭 TBS 具有相同的捕鼠效果，同时取消了诱集作物的种植,由此使 TBS 的安装位置更灵活,推广应用更方便。这些技术的改进，使 TBS 技术大范围推广成为可能，为此，2014 年北京市又重新引进该项技术，采用线性 TBS 在顺义、昌平、丰台、通州、朝阳、平谷等区的旱田、设施园区、禽类养殖棚、果园开展鼠情监测试验，都取得了很好的捕鼠效果。在此基础上，采用线性 TBS 和外围封闭式 TBS，分别在昌平、海淀、延庆、平谷、大兴等区的稻田、养殖棚、设施保护地等不同农田环境开展了控鼠示范，取得了很好的控鼠效果，推广应用面积最高年份达到 1 900 亩。为验证 TBS 的捕鼠效果，在 TBS 示范区采用传统的夹捕法进行比对调查，表 4–18 为 2015—2017 年昌平、平谷、延庆等区 4 个 TBS 示范区和夹捕法调查的捕鼠统计，从中可以看出 TBS 捕鼠数明显高于夹捕法的捕鼠数，且 TBS 捕获的害鼠种类比夹捕法增加了两种，一种是近些年种群密度急剧下降的大仓鼠，另一种是夹捕法农区调查中从未捕获的食虫目鼩鼱，但二者的平均捕获率却差异不大，只是部分 TBS 示范区的平均捕获率略高于夹捕法平均捕获率。

表 4–18　2015—2017 年 TBS 与夹捕法捕鼠情况

方式	地点	布桶数	布放日数	平均捕鼠数（只）	平均百夹（桶）捕获率(%)	大仓鼠 ♀	大仓鼠 ♂	黑线姬鼠 ♀	黑线姬鼠 ♂	小家鼠 ♀	小家鼠 ♂	褐家鼠 ♀	褐家鼠 ♂	鼩鼱 ♀	鼩鼱 ♂
外封闭TBS	昌平	188.0	290.5	35.0	0.1	0.0	0.0	33.5	1.5	0.0	0.0	0.0	0.0	0.0	0.0
外封闭TBS	绿水峡谷	240.0	304.5	358.5	0.5	1.5	0.0	58.0	68.0	108.5	97.0	5.0	1.5	13.0	6.0
半封闭TBS	金利吉	70.0	293.0	143.0	0.7	2.5	3.0	16.0	12.0	51.0	49.0	1.5	2.5	2.5	3.0
内封闭TBS	延庆	42.5	178.0	14.5	0.0	0.0	0.0	1.0	0.0	13.5	0.0	0.0	0.0	0.0	0.0

续表

方式	地点	布桶数	布放日数	平均捕鼠数（只）	平均百夹（桶）捕获率（%）	平均捕鼠数（只）									
						大仓鼠		黑线姬鼠		小家鼠		褐家鼠		鼩鼱	
						♀	♂	♀	♂	♀	♂	♀	♂	♀	♂
夹捕法	昌平	100.0	9.5	0.5	0.1	0.0	0.0	0.0	0.0	0.0	0.0	0.5	0.0	0.0	0.0
夹捕法	绿水峡谷	100.0	10.0	1.0	0.1	0.0	0.0	0.5	0.5	0.0	0.0	0.0	0.0	0.0	0.0
夹捕法	金利吉	100.0	10.5	3.0	0.3	0.0	0.0	0.0	0.0	0.0	0.0	0.5	1.5	1.0	0.0
夹捕法	延庆	100.0	7.0	0.5	0.0	0.0	0.0	0.0	0.0	0.5	0.0	0.0	0.0	0.0	0.0

  TBS 技术在北京市农区控鼠中已推广应用6年，在这6年试验示范中，既有成功案例，也有失败案例，为进一步推广积累了大量经验。现将相关的应用技术总结如下，以便于大家了解和掌握，并加速这项安全灭鼠技术的推广应用。

二、如何正确安装 TBS

  TBS 装置虽然看似简单，但几年来的应用实践证明，TBS 并不是在哪里安装都行，也不是怎么安装都行。根据 TBS 的捕鼠原理，害鼠只有通过障碍物时或沿障碍物行走时才能被捕获，那么害鼠为什么会通过障碍物呢？这是因为障碍物的对面有害鼠喜食的食物或是适宜的栖息地，否则害鼠也不会经过 TBS 设置的障碍物，也就达不到捕鼠效果。因此，实施 TBS 技术必须具备诱集区（食物源）、进出通道（围栏捕鼠装置）、栖息地三大构成要素，否则很难达到理想的捕鼠效果。这里有人会问，既然前面已经提到改进后的 TBS 不需要再刻意去种植诱集作物，是不是就意味着食物源没那么重要了？种植诱集作物，只是增加处理区作物对害鼠的引诱性，当以整个种植区的作物为食物源时，这种诱集作物的引诱性就不那么明显了。如在粮田地边设置的线性 TBS，是在栖息地与食物源间设立障碍物，整个种植区就是食物源，若食物源不存在，就很难捕到害鼠。当然，害鼠能吃的食物很多，有些食物是害鼠喜食的，有些食物是害鼠可食的，当 TBS 实施环境存在多种食物源时，若将 TBS 设置在可食的食物源处，其捕鼠效果就不会理想。因此，在应用 TBS 控鼠时，要想获得很好的捕鼠效果，必须将围栏捕鼠装置安装在食物源和栖息地之间，且保证所选的食物源在周边环境中对害鼠有较强的引诱力。那么，该怎样正确使用 TBS 技术呢？下面将从 TBS 的制作材质、安装方式、安装位置和安装的技术参数 4 个方面进行详细介绍。

（一）一套 TBS 装置包括哪些组件

一套 TBS 装置主要包括围栏、捕鼠桶、固定杆、绑缚用品、拾鼠器等，制作这些组件的原材料基本都能从建材市场买到，制作加工的方法也比较简单，既可以自己制作，也可以直接购买成品 TBS。制作围栏的材料有铁丝网、厚塑料布或无纺布，制作捕鼠桶的材料有白锌铁、PVC 管，制作固定杆的材料有铁棍、木棍、细竹竿，绑缚用品可选用铁丝、塑料绳、绑扣等，拾鼠器可选用煤钳、垃圾捡拾夹等。在选好材质后，需确定各相关部件的规格，制作加工时可参照成品 TBS 的各项指标。目前使用的成品 TBS 装置，每套包括 2 卷围网、12 个捕鼠桶、2 捆支撑杆、2 把塑料绑扣、一把拾鼠夹。其中围网为防腐的金属筛网，单卷围网长 30 m，孔径 ≤ 1 cm，宽度 >50 cm；捕鼠桶为白锌铁，厚度约为 0.5 mm，呈半圆形，筒直径上部 25 ~ 30 cm，下部 30 ~ 35 cm，底部留有 3 个直径 < 0.5 cm 的排水孔；固定杆为钢筋或竹竿材质，长度为 70 cm。

在实际推广应用中，可根据经济条件选择购买成品的 TBS 捕鼠装置，或者自行购买材料进行加工制作。防治实践证明，自行加工 TBS 不仅能够大幅度降低防治成本，而且能够与成品 TBS 具有同样的捕鼠效果。表 4-19 为 2015 年 4—12 月，在平谷区绿水峡谷蔬菜园区进行的自制 TBS 捕鼠效果试验的调查结果，桶高用字母 "h" 表示，开口直径用字母 "r" 表示，如捕鼠桶高 50 cm，开口直径 10 cm，记作 h50-r10。试验共设 h50-r10、h50-r15、h50-r20、h30-r20、h40-r20、倒须捕鼠笼、成品捕鼠桶（为常规对照）高 50 cm，开口半圆形，直径 20 cm，8 个处理，3 次重复，随机排列。在整个试验过程中，除倒须捕鼠笼处理未捕获害鼠外，其他各处理均有害鼠捕获，而且不同规格捕鼠桶的捕鼠数量存在一定的差异。在 6 种自制的捕鼠桶处理中，除 h50-r10 处理外，其他 5 种自制捕鼠桶处理月捕鼠总数均超过标准捕鼠桶处理，分别比成品捕鼠桶多捕鼠 19 ~ 69 只，其中以 h50-r20 处理捕鼠数最高，累计捕鼠数为 113 只，与 h30-r20、h40-r20 两个处理的月均捕鼠数无显著差异，但均与 h50-r10、标准捕鼠桶两个处理的月平均捕鼠数达到显著差异水平。此次试验共制作 TBS 3 510 m，投入总成本为 37 560 元，折每延长米成本为 10.7 元。购买成品 TBS 每套 1 600 元，长 60 m，折每延长米成本为 26.7 元，自行制作

表 4-19 不同规格捕鼠桶 TBS 于 2015 年 4—12 月的月平均捕鼠量

TBS 类型	4 月	5 月	6 月	7 月	8 月	9 月	10 月	11 月	12 月	合计
H50-r10	5 ± 3ab	0.67 ± 0.58a	0.33 ± 0.58a	0a	0a	3 ± 3a	0.33 ± 0.57a	0a	0.67 ± 1.15a	10 ± 6.24abc
H50-r15	5.66 ± 0.58a	1.67 ± 0.57ab	2 ± 0a	2 ± 0a	1.67 ± 0.58a	3.67 ± 1.53a	4.33 ± 0.58b	1.67 ± 1.53a	0a	22.67 ± 0.58a
H50-r20	7 ± 4.58ab	6 ± 1b	1.67 ± 0.58a	4 ± 1.73a	3.33 ± 1.54a	9 ± 6.56a	5 ± 1b	1 ± 1a	1.7 ± 0.58a	3.33 ± 6.11abc
H30-r20	6.33 ± 3.05ab	4 ± 3.61ab	0.58a	1.33 ± 0.58a	9.33 ± 3.21a	3.67 ± 2.52a	1.67 ± 1.53ab	0.67 ± 1.15a	0.67 ± 1.15a	6.11abc
H40-r20	6.67 ± 2.52ab	3 ± 0ab	2.33 ± 1.53a	1.67 ± 0.58a	2.33 ± 1.53a	8.67 ± 3.79a	2.67 ± 1.15ab	1.67 ± 0.58a	0.67 ± 1.55a	29.67 ± 6.51abc
倒须笼	0b	0ac	0a	0a	0a	0a	0a	0a	0a	0b
铁皮桶	0.33 ± 0.58b	3.6 ± 0.58b	2.33 ± 2.31a	2.33 ± 2.52a	1.33 ± 1.53a	4 ± 3a	0.33 ± 0.58a	0.33 ± 0.58a	0a	14.67 ± 0.58c

TBS 每延长米可节省成本 16 元，使防治成本大幅度下降。而且使用 PVC 材质的捕鼠桶耐腐蚀性更强，使用寿命更长。由此可见，自制 TBS 完全可以替代成品在野外使用，与成品 TBS 具有同等的捕鼠效果，在大范围应用时，自行制作 TBS 能有效降低防治成本。

（二）TBS 装置的安装方式

目前 TBS 的安装方式主要有两种，一种是封闭式围栏，另一种是线性围栏。其中封闭式围栏又包括两种，一种是在地块的四角和中间位置各设置一个围栏，每个围栏占地 200 m² （即 10 m×20 m），这是最原始的安装方式，但这种安装方式会影响到机械化作业，目前已经很少应用；另一种是将整个地块围起来形成一个封闭的围栏，称之为外围封闭式围栏，是北京市自行设计的 TBS 安装方式，主要用于设施保护地、稻田等环境的害鼠整体防控，通过在设施园区、稻田周边设置封闭式围栏，将设施园区、稻田与周边环境进行隔离，以阻止害鼠迁入和迁出，逐步减少处理区内鼠密度，同时也能在一定程度上降低处理区周边的鼠密度，具有很好的控鼠效果。但这样的安装方式需要大量的 TBS 装置，所以防治成本相对较高。线性围栏是在地边、地中设置一条或多条直线状或曲线状围栏的安装方式。线性围栏在开放环境使用时确实具有一定的控鼠效果，但由于仍存在害鼠进出通道，控鼠效果不如外围封闭式围栏，但防治成本相对较低。线性围栏既可用于鼠情监测，也可用于鼠害控制。用于鼠害控制时，线性围栏可做多种变形，如借助温室结构形成小的封闭围栏，用于防控育苗棚、草莓棚等重点棚室的鼠害，具有与封闭式围栏同样的捕鼠效果；如在设施园区四边分别安装线性围栏形成半封闭围栏，也可提高捕鼠效果；如在设施园区、果园，采用平行的线性围栏开展鼠情监测。具体选择哪种 TBS 装置安装方式，主要是根据使用 TBS 要达到的目标而定，采用不同的 TBS 装置安装方式，其捕鼠效果会存在一定的差异。表 4-20 为 2015—2017 年平谷、延庆、朝阳等区进行的不同 TBS 设置方式的捕鼠情况，从表中可以看出，不同 TBS 安装方式的捕鼠数量存在较大差异，其中以外围封闭式 TBS 捕鼠数最高，线性 TBS 捕鼠数最低。另外，采用封闭式 TBS 和半封闭式 TBS 示范区，捕鼠数量均随着实施年份的延长整体呈下降趋势，而从实施线性 TBS 的两个示范区的捕鼠数看，捕鼠数虽然也呈下降趋势，但年度间下降幅度不大。

表 4-20　2015—2017 年不同 TBS 布放方式的捕鼠情况

调查地点	年份	布放方式	作物	布放日数	布放桶数	总捕鼠数（只）	平均捕获率（%）
昌平楼自庄	2015	封闭式	蔬菜	306	188	40	0.07
	2016	封闭式	蔬菜	270	188	30	0.06
	2017	封闭式	蔬菜	233	188	16	0.00
平谷金利吉	2015	半封闭式	蔬菜	250	70	177	1.01
	2016	半封闭式	蔬菜	334	70	107	0.46
平谷绿水峡谷	2015	封闭式	蔬菜	275	240	501	0.76
	2016	封闭式	草莓	334	240	216	0.27
	2017	封闭式	蔬菜	362	240	219	0.02
延庆聚禄园	2015	封闭式	草莓	85	41	30	0.86
	2016	封闭式	草莓	356	85	29	0.10
朝阳蓝调庄园	2016	线性	草莓	125	28	15	0.43
	2017	线性	草莓	275	28	15	0.02

（三）TBS 装置需安装在什么位置

围栏捕鼠装置之所以能够捕获害鼠，是因为害鼠需要到障碍物对面去。害鼠之所以要到障碍物对面去，是因为障碍物对面是食物源或栖息地，否则害鼠就不会经过障碍物，也就捕获不到害鼠。因此，实际安装 TBS 装置时应综合考虑实施地环境条件、食物源种类及害鼠是否会转移为害等因素进行确定，原则上是将 TBS 装置设置在食物源和栖息地之间。

农区环境复杂，即使是同一类型其环境差异也很大。对于设施保护地而言，同样是设施，就有春秋棚、改良阳畦（土温室）、日光温室等类型的划分，由此造成的环境存在很大差异，使这些区域的害鼠呈现出不同发生特点，因此,TBS 适宜安装的位置也有所不同。春秋棚主要是从事春提前和秋延后生产，冬季不进行生产，其害鼠主要是从外界侵入，TBS 装置应设置在外围，采用外围封闭式围栏比较好；改良阳畦（土温室）冬季可进行生产，害鼠主要从阳畦前端或入口进入为害，常栖息在设施背后的护坡或设施区域周边，TBS 装置应在相邻的两个改良阳畦（土温室）的两端各设置一条线性围栏，且每条 TBS 的两端要贴紧设施的侧衫墙；日光温室可周年生产，害鼠主要从温室前端进入为害，可在温室前端设置线性围栏，TBS 两端贴紧温室两个侧衫墙，借助温室结构形成封闭式围栏。如果对整个设施园区的害鼠进行控制，可采用外围封闭式围栏阻断害鼠进出。

　　食物源种类多少也会影响捕鼠效果。当食物源比较单一，如大面积种植的玉米、小麦、水稻、大豆、花生等，用于监测的 TBS 装置一般采用平行的线性设置，分别在地边和地中设置线性 TBS，用于害鼠控制的 TBS 装置一般采用外围封闭式围栏，在地块四边设置封闭式 TBS；当食物源种类比较多时，如花生、豆类和玉米相邻种植时，害鼠对花生、豆类的选择性要高于玉米，因此，设置围栏时应优先选择害鼠最喜食作物的田块周边。害鼠不仅在农田环境对食物有选择性，在设施园区对食物也表现出很强的选择性。设施园区一般都是周年生产，茬口多，种植的作物种类多，但不是所有的作物都是害鼠喜食的，相对于叶菜类而言，害鼠更喜欢果菜类、瓜果、食用菌、播种的菜籽，因此，在设置 TBS 装置时应优先考虑种植害鼠喜食作物的棚室，或是在温室前端设置线性围栏，TBS 两端贴紧温室两个侧衫墙，或是在害鼠喜食作物棚室区域的外围设置封闭式围栏。

　　在实际应用中，当食物源缺乏引诱性，或食物源发生改变，或安装不当时，若在这种环境设置 TBS，就会直接影响捕鼠效果。表 4-21 是设在平谷、大兴及通州等区的 TBS 示范区的捕鼠情况。其中平谷金利吉从 2015 年开始 TBS 示范，采用的是外围半封闭式 TBS，即在园区围墙内四边各设置 1 ~ 2 组 TBS，2017 年后改在围墙处设置封闭式 TBS，围墙为 60 cm 高的砖墙，没有排水孔，捕鼠桶悬挂在围墙上，后将捕鼠桶对面一次堆成土坡，这样就形成了一个外围封闭式围栏，安装的位置虽然与原来的半封闭围栏只差 3 ~ 4 m 距离，但改装的外围封闭式 TBS 的捕鼠数明显下降，较之前的捕鼠数差了 50% 还多，到 2019 年仅捕获 2 只害鼠，造成这种结果的原因不仅是害鼠的进出通道受阻，且 TBS 仅能捕获来自一侧的害鼠；大兴庞各庄示范区是将园区内的一块甘薯地围成了封闭式围栏，但由于周边有种植西甜瓜的棚室，使甘薯对害鼠的引诱性减弱，导致捕鼠效果也不理想，2 年仅捕获 2 只害鼠；通州贾后幢是在果园进行的 TBS 示范，采用线性 TBS，并将 TBS 安装在与粮田接壤的一侧，2017 年共捕鼠 11 只，但 2018 年后接壤的粮田改做其他用途，没有了食物源，已连续 2 年捕不到害鼠了。

　　害鼠是否会发生季节性迁移同样会影响捕鼠效果。在野外环境，害鼠很少会长距离迁移，但在村舍、养殖场及设施园区周边，害鼠的迁移为害是非常明显的，其中以春季播种期和秋季收获期是害鼠迁移为害最频繁的季节。当紧邻村舍、养殖场及设施园区的地块设置 TBS 时，不管采用封闭式围栏还是线性围栏，都要优先在紧邻村舍、养殖场及设施园区的地边安装 TBS 装置。

表 4-21　TBS 示范中的失败案例

地点	年份	作物	布放方式	布放桶数	布放日数	捕鼠数（只）
平谷金利吉	2015	温室蔬菜	外围半封闭式	70	250	177
	2016	温室蔬菜	外围半封闭式	70	334	107
	2017	温室蔬菜	全封闭式	120	199	46
	2018	温室蔬菜	全封闭式	120	362	33
	2019	温室蔬菜	全封闭式	120	249	2
大兴庞各庄	2015	甘薯	内封闭式	34	153	0
	2016	甘薯	内封闭式	34	275	2
通州贾后幢	2017	果园	线性	52	184	11
	2018	果园	线性	52	334	0
	2019	果园	线性	52	280	0

（四）安装 TBS 的技术参数

实际应用中，不管是采用封闭式围栏，还是采用线性围栏，安装 TBS 的技术参数基本上是一致的，包括围网埋入深度、捕鼠桶间隔距离、开口的位置及大小。具体安装技术参数：沿围网间隔 5 ~ 7 m 设置一个固定杆，固定围网，围网底部埋入土中 15 cm，地上部分高 35 cm，在围网任一侧间隔 5 m 埋入一个捕鼠桶，围网与捕鼠桶一侧要压实，并在捕鼠桶桶口上的围网底部正中开 1 个边长 3 ~ 4 cm 的方孔，要求桶口、地面和方孔底部水平。

三、TBS 使用中经常出现的问题

（一）捕鼠桶安装位置应根据实际情况进行调整

试验证明捕鼠桶安装在围网的任意一侧都不会影响捕鼠效果，因此，设定的 TBS 参数对捕鼠桶安装在围网的哪一侧并没有严格的规定，但某些特殊环境实际安装捕鼠桶应明确布放在哪一侧，否则可能会造成一定的损失。2016 年在丰台区绿水山谷芽菜基地进行 TBS 示范时就出现过此类问题，当时在养鸡棚外围设置了线性 TBS，捕鼠桶统一安装在围网的里侧，示范区累计捕鼠 30 只，取得了很好的捕鼠效果，但当园区引入大量雏鸡后，发现很多雏

鸡都掉入捕鼠桶中,造成了一定的损失。因此,在家禽养殖区周边安装 TBS 时,应将捕鼠桶安装在围网外侧,这样就能通过及时封堵围网开口的措施,防止误伤雏鸡现象的发生。

(二)没按技术要求安装 TBS

虽然规定了 TBS 的安装技术参数,但在实际应用中,仍会存在这样或那样的问题,使安装的 TBS 不能达到技术要求,而直接影响捕鼠效果。有的围网开口过大,甚至达到与桶口等宽,操作人员主观认为这样有利于害鼠通过,其实这样做的结果会增加害鼠逃走的概率;有的由于地势原因,开口位置过高,使开口和桶口间有一定的距离,这增加了害鼠逃离的可能性,正确的方法是根据地势调整捕鼠桶的高度,使捕鼠桶的桶口与开口底部水平;有的开口处正对固定杆,对害鼠的进出形成阻碍。尽管根据技术参数要求是间隔 5 m 布放一个捕鼠桶,但不是严格按照 5 m 的间隔距离执行,在遇到固定杆时应适当避让,以免影响捕鼠效果;有的开口偏离桶口中间位置而偏向一侧,也会增加害鼠向近的一侧逃离的可能性;有的围网与桶壁没有贴紧,之间距离过大,害鼠能够顺利通过而不会掉入陷阱;有的在采用封闭式安装方式时由于环境限制而留有缺口,存在害鼠进出通道,出现围而不严的现象,也会影响控鼠效果。遇到这种情况时,正确的做法是在不适合安装捕鼠桶的位置可以不安装捕鼠桶,但要用围网进行封堵,以全面阻断害鼠进出通道。

(三)维护不及时

TBS 具有一次布放,长期使用的特点。由于 TBS 装置长期滞留在自然环境中,即使安装时严格按照技术参数操作,也难免受雨水、杂草、杂物等影响,而降低 TBS 的捕鼠效果,因此,需要加强 TBS 的日常维护,如及时清理捕鼠桶中的积水、杂物,及时培土保证桶口与地面水平,及时更换固定杆以防止围网倒伏,及时清除围网周边杂草,以保障 TBS 装置处于良性状态,从而确保捕鼠效果。

(四)调查不及时

TBS 可以持续捕获害鼠,当同时捕获多只害鼠时,害鼠会互相残食,一些弱小个体会被吃掉,而影响捕鼠数据的准确性。另外,捕获的害鼠很容易死亡,特别是夏天高温高湿季节死鼠很容易腐败,腐臭的气味会对害鼠产生驱避作用,而影响 TBS 的捕鼠效果。同时,TBS 在捕获害鼠的同时,也会捕获蛇、青蛙、刺猬等非靶标动物，若不及时清理就会造成不必要的损伤，因此，要及时调查，及时清理。TBS 最好是每天进行调查清理，但在实际示范中很难做到，因为调查工作多是由当地农民兼职，他们还需要从事其他劳动。为缓解调查强度，建议每年 3—11 月，间隔 1 d 调查一次，当年 12 月至翌年 2 月，间隔 5 ~ 7 d 调查一次，调查时需记录鼠种、性别、时间和捕鼠位置。捕获的鼠尸进行杀菌杀虫处理后做深埋处理。尽管规定了具体的调查时间，但仍有部分调查人员不能按时开展调查工作，需要加以改进。

四、关于 TBS 应用技术的一些思考

（一）TBS 的推广应用受到一定的限制

1. 成本偏高是限制这项技术推广应用的主要因素

TBS 装置一次安装，可以持续使用 3 ~ 4 年，且捕获的害鼠种类多、捕获的幼鼠比例高，优于夹捕法这一常规监测方法，可在农田鼠害监测与防控中推广应用。从北京市 6 年来的示范推广效果来看，TBS 确实具有不错的捕鼠效果，但要实现大范围的推广应用却有一定的难度，最主要的是防治成本偏高，以自制的 TBS 计算，制作每延长米 TBS 成本需要 10.7 元（若全部由自己加工或采用更低价格的材质，成套 TBS 的制作成本还可以进一步压低），再加上安装费及调查补助等人工成本，所需的一次性防治成本与亩防治成本仅需 1.1 元的药剂防治（溴敌隆成品毒饵 6 000 元 / 吨计算，投药人工成本每日 100 元计算）相比，仍然高出很多，若全部由防治区域的业主独自承担则很难接受，特别是在低效益的农区环境推广应用就更为困难，从防治成本方面看，这项技术更适合在设施保护地等这种高效益的农区环境推广应用。当然，要加快这项技术的推广应用，必须加大防治补贴，但对于现有的专项资金额度来看，短期内很难做到。

2. 有些环境不适合应用 TBS

设施园区虽然可以应用 TBS 控鼠，但也不是所有的设施园区都适合应用该项技术，如有的设施园区、养殖区地面硬化比例比较高，温室或养殖棚设有排涝渠、排污沟，这些情况下根本无法安装 TBS 装置，因此，只能在适宜的设施园区推广应用。另外，如果防治区域鼠密度过低，捕鼠效果就会很差，

甚至长期捕不到害鼠，也不适于应用 TBS 控鼠。

（二）关于改进 TBS 装置的一些尝试

在这几年 TBS 的示范推广中，曾根据应用中出现的问题，尝试对 TBS 装置进行改进。针对安装捕鼠桶比较费工的问题，引进了开沟机和挖树坑机，以提高 TBS 安装速度；针对 TBS 会误伤刺猬、黄鼬等非靶标动物的现象，调整了捕鼠桶的口径及深度并进行了试验；针对外围 TBS 防控区域大，为能有效降低防控区域内的鼠密度，在防治区域内温室增加了捕鼠桶、粘鼠板防治措施；为便于 TBS 的安装和移动，将捕鼠桶更换为能重复捕鼠的倒须捕鼠笼。这些尝试有的取得了成功，有的以失败告终。对此，还会进一步在实践中进行尝试，以便使 TBS 更加方便实用，为 TBS 的大面积推广应用提供依据。

第五节　粘鼠板控鼠技术

设施园区周年生产，食物丰富，环境复杂，适合害鼠发生和繁殖，是农区害鼠重发地和越冬基地，每年都会造成一定的损失，特别是果菜类蔬菜、播种的菜籽、草莓、食用菌的菌棒等受害严重，严重地块可减产 20% 以上。因此，设施园区一直是北京市农区灭鼠中重点防控区域，为保证秋冬季设施农业生产安全，2007 年后北京市在春季统一灭鼠的基础上，增加了以设施保护地为重点的秋延后灭鼠工作，有效降低了设施保护地的害鼠密度和为害。北京市的农区鼠害控制一直以采用药物灭鼠方式为主，在引进毒饵站灭鼠技术后，重点在设施保护地推广了这种保护性投饵方式，灭鼠的安全性和控鼠效果都有所提高。但随着有机、绿色农业的发展，很多农药已禁止在设施园区使用，其中农区控鼠所用的溴敌隆杀鼠剂由于属于高毒农药，也被列在禁用名单中。在此情况下，设施保护地害鼠控制成为农区控鼠急需解决的问题。为此，北京市引进了粘鼠板物理控鼠技术，重点在设施园区进行了示范推广，由于目前北京市设施园区整体鼠密度不高，采用粘鼠板完全可以有效防止害鼠的为害，基本可以保障秋冬季农业生产安全。经过几年的努力，这项技术已逐步得到各区的认可，由此使粘鼠板应用面积逐年扩大，目前每年的应用面积已达到 10 万亩以上。粘鼠板技术的大范围应用，使杀鼠剂的用量大幅度下降。

一、如何选择粘鼠板

国内市场上粘鼠板的品牌很多，质量也参差不齐，该怎样正确选择粘鼠板呢？市场上粘鼠板品牌虽然多，但归纳起来主要包括两种类型：一种是简易粘鼠板，另一种是精装粘鼠板，两种粘鼠板尺寸差异不大，区别在于所用的纸板和涂胶量，由此也就决定了两种粘鼠板在使用范围上存在一定差异。简易粘鼠板一般是使用铜版纸，较薄，因此，涂胶量相对较少，多适用于捕获中小体型害鼠；精装粘鼠板所用纸板较厚，涂胶量较大，在价格上一般会比简易粘鼠板价格高，多适用于捕获大中体型的害鼠。由于粘鼠板的生产工艺简单，因此，生产的厂家很多，质量和价格差异较大，购买时要慎重选择。粘鼠板质量的好坏主要取决于纸板好坏、不干胶质量和涂胶量的多少，购买时应尽量选择纸板较厚、涂胶量高、打开时比较费力的粘鼠板品牌，这样的粘鼠板质量相对较高。在同一品牌同一类型的粘鼠板中，粘鼠板的价格会随着涂胶量的增加而上涨，而涂胶量越高害鼠逃逸率越低，捕鼠效果越好。这样看来似乎只要选择涂胶量高的粘鼠板就行了，但在大范围应用时，选择粘鼠板还要考虑防治成本的问题，在保证捕获率的前提下应尽量压低防治成本，也就是要选择合适涂胶量的粘鼠板。怎样选择才算合适呢？需要参考控鼠区域优势种群结构和鼠种的体型大小等因素进行选择，若控鼠区域以小家鼠、黑线姬鼠等中小型鼠种为主，选用涂胶量 15 ~ 25 g 的简易粘鼠板即可；若控鼠区域以褐家鼠、大仓鼠等较大体型的鼠种为主，应选择涂胶量大于 30 g 的精装粘鼠板为宜。另外，粘鼠板的质量也会受到生产时环境条件的影响，如生产时环境湿度较大时，即使保持原来的涂胶量，不干胶的黏性可能也会下降，从而影响捕鼠效果，因此，在实际购买粘鼠板时，最好先抽检一下再进行采购。

二、粘鼠板的适用范围

粘鼠板是靠胶的黏性来实现捕鼠的，环境中的水分和灰尘都会引起黏性的下降，使粘鼠板的有效时期缩短而影响捕鼠效果，因此，粘鼠板主要用于室内环境，如农舍、设施保护地、养殖棚等农区环境，当然如果能够避免粘鼠板表面结水和落尘，就可以在室外环境应用。另外，粘鼠板控鼠效果有限，仅适于小范围且是鼠密度相对较低的区域，对于需要快速压低鼠密度的地区不是很有效。

三、如何正确布放粘鼠板

粘鼠板布放看似很简单，但也不是怎么布放都可以，如果布放不当，就会增加害鼠逃逸的可能性，或是根本捕获不到害鼠。怎样正确布放粘鼠板呢？一是要布放在正确的位置，就是要将粘鼠板布放在害鼠活动通道上。怎么判断害鼠通道呢？如果没有明显鼠洞，可以用粉剂法或堵塞法进行判断，即在环境中沿墙根布放一些粉块，或在害鼠可能进出的管道孔塞入报纸等，鼠迹多的粉块或被推开的孔即是害鼠通道。当然灭鼠环境不同，害鼠的活动通道也有差别，布放粘鼠板的位置也就不同。如室内，若害鼠是从门进入，则需在与门相连的两扇墙的墙根各布放一块粘鼠板，且布放位置尽量靠近门的两侧；若害鼠是从管道孔进入，可直接封堵管道口，或在靠近管道的相邻两扇墙的墙根各布放一块粘鼠板。对于设施保护地也是如此，若害鼠是从操作间进入，则在后墙和相邻的山墙的墙根各设一块粘鼠板；若害鼠是在设施前缘进入，则需在前缘及两面山墙的墙根各布放一块粘鼠板。二是布放方式要正确，在室内等干燥环境布放时，粘鼠板应靠墙呈"L"形布放，即一面平铺在地面，一面贴靠在墙面，这样害鼠在被粘住挣扎时，立着的一面就会粘住害鼠的背部，减少害鼠逃逸的概率；在湿度较大的温室内使用时，常常会有水滴落在黏胶面上，会使粘鼠板的黏性下降，而缩短粘鼠板的有效期，因此，不能像干燥环境那样使用，需进一步改进使用方法：方法一是将粘鼠板折成三角形的纸筒（最好是直角三角形的），然后再贴墙根布放；方法二是与毒饵站配合使用，将粘鼠板撕开，每半张粘鼠板卷成筒状，开口朝上放入毒饵站底部，再将毒饵站顺墙根布放。当粘鼠板与毒饵站结合使用时，就可在室外环境应用，沿设施前后缘间隔 20 m 布放一个就可以了。方法三是适当可添加一些食饵。为提高粘鼠板的捕鼠效果，可在粘鼠板的中央放置一些害鼠喜食的饵料，如花生米、薯丁、苹果丁等，以增加对害鼠的引诱性。

四、使用粘鼠板控鼠需注意的一些问题

在使用粘鼠板控鼠时，如果使用不当，很容易使害鼠产生忌避反应，从而影响捕鼠效果。能够引起害鼠产生忌避反应主要有 3 个方面。一是粘鼠板与农药等气味大的物品混放时，会附着一定的气味，害鼠嗅觉十分灵敏，很低浓度的气味也会引起害鼠忌避；二是布放不当造成害鼠逃逸，逃逸后的害鼠就会产生警觉，而刻意躲避粘鼠板；三是粘鼠板虽然能够捕获害鼠，但不能直

接杀死害鼠，捕获的害鼠会发出警示信息，使其他害鼠产生忌避反应。在使用粘鼠板进行控鼠时，应尽量避免害鼠产生忌避反应，具体方法：一是粘鼠板要单独保存，尽量不让粘鼠板沾染其他气味；二是选择合适的粘鼠板，正确布放，尽量减少害鼠逃逸，一旦发生逃逸就需更换其他的控鼠方法；三是不能长期使用粘鼠板控鼠方法，一般一次使用不超过两个月；四是及时清理捕获的害鼠。

第六节　综合控鼠技术

控制鼠害的方法很多,但不是都能应用到本地的控鼠措施中去。同样道理，一个区域要想实现鼠害的真正控制，也不可能只靠单一的控鼠方法就能实现，需要将多种控鼠方法有机配合使用，也就是要开展综合控鼠。综合防治措施不是几种控鼠措施的简单累加，而是从控制害鼠的 3 个有效途径提炼出相互补充的整体防控措施，以实现持续控鼠的目标。

综合灭鼠技术不是一成不变的，会随着新的防治技术的引入而进行调整和补充，20 世纪 80—90 年代初，当时有效控鼠很少，主要采用药物灭杀方式，采用的主要是第一代和第二代抗凝血杀鼠剂，但随着硫酸钡制剂、胆钙化醇、莪术醇等新型药剂的引入,使控鼠可以选择的药剂更多。除了引入新的药剂外，新的防治技术也不断引入控鼠工作中来，如毒饵站灭鼠技术、TBS 控鼠技术、粘鼠板控鼠技术等新技术，使害鼠的防控方式更加多元化。这些新药剂和新的控鼠技术的引入，为综合控鼠技术的形成提供了更多的选择。同时综合控鼠技术也不是万金油，一种综合控鼠技术不可能适用于所有的农区环境，需根据不同的农区环境及其害鼠发生为害的特点进行调整。

按照不同农区的环境特点，可以将农区划分为村舍、农田、养殖场 3 个类型。针对不同环境的害鼠发生及分布特点，从驱避、灭杀、生殖阻隔 3 个控鼠途径入手，分别制定出 3 种类型农区环境的综合控鼠技术，以供大家参考借鉴。

一、农舍综合控鼠技术

农舍害鼠综合控制应以减少害鼠食物源和栖息地为主导，配合药剂控鼠和生物控鼠的防治策略。

（一）驱避措施

户内主要措施是增加地面硬化，减少杂物堆积，收获粮食要及时归仓，以减少害鼠的食物源和栖息地。应重点做好储粮室的害鼠防控，一是要进行地面硬化，二是要采用铝合金防鼠门窗，三是库房的门要随开随关。户外主要是垃圾定点存放，及时清运；定期清理街道两侧，减少杂物堆放；设立公厕，减少户内厕所。目前北京市农村已基本实现村户内硬化、主干道硬化，垃圾集中堆放和采用公共厕所，这非常有利于对农舍害鼠的控制。

（二）灭杀措施

灭杀的方法很多，适合在村舍使用的方法有夹捕法、药物控鼠和天敌控鼠，其中夹捕法只适用户内等小区域控鼠，大范围控鼠则需要采用药物控鼠和天敌控鼠。在鼠密度较高时，建议使用药物控鼠，可选用的杀鼠剂有抗凝血杀鼠剂、硫酸钡制剂和胆钙化醇，在春季或秋延后开展药物控鼠，控鼠重点是户内库房周边、街道两侧、垃圾场、公厕周边及村周边 200 m 内，采用药物控鼠时最好采用毒饵站保护性投饵方式，以减少误食和延长杀鼠剂的作用时间，确保控鼠安全和控鼠效果。在鼠密度较低时，不建议使用药物控鼠，可通过养猫进行天敌控鼠，能起到持续控鼠的效果。

二、农田综合控鼠技术

农田控鼠范围广，害鼠防控措施容易受环境及管理措施的影响，从而使农田害鼠控制的难度加大。农田既有旱田，也有水田；既有季节性生产的露地，也有周年生产的设施保护地。旱田和水田都属于露地生产，均属于季节性生产，害鼠发生规律上具有一定的相似性。设施保护地周年进行生产，害鼠季节性转移为害频繁，同时还是重要的越冬鼠源地，由此使设施保护地的害鼠发生规律与露地有所不同。因此，农田害鼠综合控制又可分为两类，即露地农田害鼠综合控制和设施保护地害鼠综合控制。

（一）露地农田害鼠综合控制技术

驱避措施：清除沟边、地边杂草；进行多元化种植，以减少籽粒型作物的比重，如增加饲料型玉米、鲜食玉米、药材等的种植；成熟的粮食及早收获，减少粮食在田间滞留时间；土壤深耕以破坏害鼠洞穴；大面积平整土地。通过这些措施可以有效减少害鼠的适宜栖息地和食物源，从而抑制害鼠种群的增长。

灭杀措施：当露地农田鼠密度较高时，采用抗凝血杀鼠剂、硫酸钡制剂和胆钙化醇等安全杀鼠剂，在春季和秋延后开展药物控鼠，将鼠密度快速压低。控鼠时最好选择毒饵站保护性投饵方式，以提高灭鼠效果，减少对环境的污染。同时可以利用天敌生物进行控鼠，目前农区控鼠所使用的抗凝血杀鼠剂、硫酸钡制剂和胆钙化醇等杀鼠剂对害鼠自然天敌比较安全，没有二次中毒的风险，有效地保护了害鼠天敌，由此使北京市农田害鼠的自然天敌如黄鼬、蛇等数量呈逐年上升趋势，甚至在城区也经常能够看到这些天敌的身影。当完成药物控鼠后，可利用这些天敌对残余害鼠进行防控。

生殖阻隔措施：当露地农田害鼠密度低时，可采用莪术醇、雷公藤甲素等不育剂，在4—5月或春季药物控鼠后1个月施用，以减少害鼠的繁殖，控制害鼠反弹速度。

（二）设施保护地农田害鼠综合控制技术

驱避措施：主要是减少害鼠适宜的栖息地，如清洁田园，植株残体集中处理，减少杂物堆积、堵塞害鼠通道等。

灭杀措施：当鼠密度较高时，可采用抗凝血杀鼠剂、硫酸钡制剂和胆钙化醇等杀鼠剂，在春季和秋延后进行药物灭杀，或采用外围封闭式TBS加设施内使用粘鼠板（或捕鼠桶）进行持续的物理灭杀。采用药物灭鼠时最好选择毒饵站保护性投饵方式。当鼠密度较低时，可采用粘鼠板物理灭杀和利用蛇、黄鼬等自然天敌生物灭杀相结合的方式控鼠。

生殖阻断措施：在鼠密度较低或春季药物控鼠后1个月，采用莪术醇、雷公藤甲素等不育剂进行控鼠，最好选用毒饵站安全灭鼠方式投放毒饵。

三、养殖场综合控鼠技术

养殖场环境复杂，食物丰富，害鼠发生猖獗。为摸索养殖场的持续控鼠技术，2004年北京市在通州区养猪场开展了持续控鼠试验。试验共设3个处理，不设重复，每个处理占1个养殖场。其中，种猪场为春季一次性饱和投饵处理；堡头猪场为春季一次性饱和投饵（全场）15 d后，再在养殖棚外布放毒饵站，毒饵站内交替使用溴敌隆和溴鼠灵成品毒饵并在养殖场围墙排水孔或通风孔处安装防鼠铁丝网等综合措施（全场）处理；上店猪场为空白对照（完成效果调查，即15 d后进行一次性饱和投饵）处理。试验结果从表4–22可以看出，各养殖场控鼠效果随着时间的延长均呈下降趋势，其中堡头猪场由于在一次饱和投饵后继续采用毒饵站、物理防鼠及鼠药的交替等措施，鼠密度反弹较缓，药后 6 个月控鼠效果仍达到 90.8%。而仅采用一次性饱和投饵的种猪场和上店猪场鼠密度有不同程度的反弹，其中上店猪场鼠密度反弹最快，药后 6 个月控鼠效果下降至 61.5%。由此说明，在进行一次性饱和性投饵后继续采用综合控鼠措施确实可以实现对畜禽养殖场害鼠的持续控制。目前，随着一些新技术的引入，养猪场综合控鼠技术得到了进一步完善。

表 4-22　养殖场持续控鼠效果

通州区：2004 年

地点	粉剂法灭鼠效果（%）			
	药后 15 d	药后 2 个月	药后 4 个月	药后 6 个月
种猪场	94.3	91.2	85.5	87.3
堡头	92.8	94.6	90.6	90.8
上店		94.8	87.9	61.5

驱避措施：清除杂物，清洁园区；及时清理畜禽粪尿并集中存放，最好能够选择封闭的化粪池或用塑料布覆盖；饲料要专库保存，库房应安装铝合金门窗，门要随时关闭；在围墙、养殖棚排水口安装孔径 ≤ 1cm 的防锈铁网。

灭杀措施：药物控鼠应是养猪场控鼠的主要手段，可选用抗凝血杀鼠剂、硫酸钡制剂和胆钙化醇等安全杀鼠剂，采用饲料、玉米渣、蔬菜丁等毒饵或配制毒水，在春季和秋延后开展药物控鼠；药物控鼠后利用现有的黄鼬、蛇等自然天敌进行辅助控鼠。

生殖阻断措施：在鼠密度较低或春季药物控鼠后 1 个月，禽类养殖场可继续采用莪术醇、雷公藤甲素等不育剂进行控鼠，最好选用毒饵站安全灭鼠方式投放毒饵。

第七节　北京农区害鼠控制发展成果

一、北京农区害鼠控制历史

20 世纪 80 年代，北京农田害鼠发生猖獗，为害损失严重，引起农业行政部门的高度重视，同时得到财政部门专项资金支持，使农田害鼠的监测和防控工作得到逐步加强。1985 年在全市开展了农田害鼠普查工作，1986 年建立了全市首个害鼠系统监测点，开展了药剂灭鼠试验，由此拉开了农田鼠害监测与防控的序幕，在各级农业部门的积极配合下，使农田鼠害防控工作得以持续开展，并延续到现在。随着畜禽养殖场、水产养殖场控鼠工作的先后引入，最终实现了农区鼠情监测与防治的全面覆盖。回首这30余年的农田鼠害防控历史，北京农田鼠害控制大体分为3个阶段。

（1）1985—1994年，农田控鼠初始阶段，主要工作是摸清农田鼠情，开展鼠情监测和药剂控鼠试验示范，初步探索形成农田统一灭鼠模式，这个时期鼠情监测工作相对薄弱，全市只设置了1个农田害鼠系统监测点，其他区县仅开展春、秋季两次普查。灭鼠范围小，涉及的区县少，规模不大。灭鼠经费由市、县、乡、村共同分担，毒饵现使现配，主要以乡、村为单位采用人工方式集中配制。

1985年，首次开展了全市农区鼠害调查，完成了北京市农区害鼠区划，将全市农区害鼠划分为平原潮土区、平原沙壤干旱区、山前台地丘陵区、低山区、中山区5种生态类型区。

1986年，在顺义建立了首个农田鼠情系统监测点，开展了黑线姬鼠发生规律的研究，确定了黑线姬鼠的消长曲线为双峰形，以体长值为标准将黑线姬鼠划分为5个年龄组，即幼体组 <78 mm，79 mm< 亚成体组 <85 mm，86 mm< 成体一组 <94 mm，95 mm< 成体二组 <105 mm，老体组 >106 mm。

1985—1988年，在顺义、通县（1997年，撤销通县，设立通州区）、大兴、海淀，开展了敌鼠钠盐、毒鼠磷和氯敌鼠药效试验，改进了投饵方法，将三次投饵改为一次饱和投饵，将均匀条带式投饵改为灌渠、地边等重点区域投饵。累计示范面积 2.78 万 hm²。

1988—1994年进行了第二代抗凝血杀鼠剂溴敌隆的试验推广工作。完成溴敌隆安全性试验，采用毒饵直接饲喂试验动物方法，证明溴敌隆对羊和鸡比较安全，羊的中毒死亡剂量为 53.3 g/kg 体重，鸡的中毒死亡剂量为 416.6 g/kg 体重；开展了农田、养殖场、农户灭鼠试验示范，累计示范面积 27.76 万 hm²。其中，1990年，组织开展"迎亚运农田灭鼠百万亩活动"，为亚运会的安全保障作出了贡献。1993年，首次与卫生部门合作，开展了农村、农田全方位同步灭鼠示范。通过几年的示范，初步形成了"五统一"的成功灭鼠模式，即统一进行技术培训，统一配制毒饵，统一投饵，统一时间，统一检查效果。提出"四查四定"的工作方法，即查害鼠密度，定防治范围；查害鼠种类，定灭鼠主攻对策；查害鼠年龄组成，定灭鼠次数；查害鼠发生阶段和农事活动，定防治适期。

（2）1995—2002 年，农田大面积控鼠阶段。农田鼠害监测有所加强且进一步规范，系统监测点增加到 5 个，出台了《农田鼠害监测调查规范》地方标准。每年开展一次农田春季灭鼠，灭鼠范围从平原扩大到山区，从粮田扩大到果园、林地、菜田、设施保护地，涉及农田所有环境。统一灭鼠面积进一步扩大，基本实现农田范围的全覆盖，并开展了畜禽养殖场灭鼠示范工作。资金筹集主要由市、县、乡三级承担，毒饵以乡为单位进行人工集中配制。这个时期鼠药市场混乱，邱氏鼠药等剧毒鼠药充斥农村市场，造成二次甚至多次中毒，存在很大的安全隐患。

1995—2002 年，全市累计灭鼠面积达到 110.66 万 hm^2，平均防效达 91.21%，灭鼠范围涉及除石景山区以外的 13 个郊区县和农场系统。

2001 年，开展了 15 个规模养殖场的灭鼠示范。

（3）2003 年至今，农区控鼠技术快速发展阶段。鼠情监测工作逐步完善，全市 13 个远郊区开展了长期或系统监测工作，并增加了畜牧、水产等领域的鼠情监测，全市农区鼠情监测样地增加到 150 个。D-2E 和大数据鼠害智能监测系统、TBS 等技术被引入农区鼠情监测中，实现了害鼠可视化时时监控。防治方面，随着畜牧、水产的先后参与，全市农区实现了控鼠工作的全覆盖；毒饵站灭鼠技术、粘鼠板灭鼠技术、TBS 控鼠技术、减量控鼠技术等相继引入农区灭鼠工作中，全市农区控鼠技术水平得到了较大幅度提升，鼠药用量也大幅度下降，以农田为例，2004 年全市农田统一灭鼠使用溴敌隆母液 3.70 t，2019 年仅用成品毒饵 32.10 t，折成溴敌隆母液为 0.32 t，灭鼠的安全性大幅度提高；随着财政资金支持力度的加大，控鼠费用也由市、县两级分担形式，转化为基本由区财政负担，所用毒饵已从过去以区县为单位进行集中统一配制发展到现在的全部采用成品毒饵，并免费发放到灭鼠乡镇。不育剂、钡制剂、胆钙化醇等新型杀鼠剂的引入，改变了统一灭鼠长期使用单一杀鼠剂的局面；控鼠模式上也有所改进，农田、畜禽养殖场分别引进了专业灭鼠公司开展一定范围的控鼠工作，进一步完善了"五统一"灭鼠模式；根据农田害鼠发生特点，控鼠次数也有所增加，即在春季控鼠的基础上，从 2007 年开始，增加了一次秋延后重点区域控鼠。以上这些措施的综合运用，使农田鼠密度得到了很好的控制，全市农田平均鼠密度已连续 12 年控制在 1% 以下。对于整个农区也是如此，通过农田、畜牧、水产三部门协调联动，同步开展春季统一灭鼠工作，全市农区鼠密度得到了很好控制。

2003 年，北京市植物保护站邀请赵桂芝、邓芷、马勇、刘学彦、钟文勤

5 位全国鼠害专家，就"毒鼠强"禁用和害鼠综合防治，农田统一灭鼠等方面进行了专题研讨。

2003 年引进毒饵站灭鼠技术，在顺义区开展了秋季灭鼠示范，示范面积 0.07 万 hm²。

2005—2007 年，在大兴区、通州区建立 2 个全国统一灭鼠示范区，在顺义区、朝阳区建立 2 个全国毒饵站灭鼠示范点。

2005 年，结合"候鸟等动物禽流感防控措施的研究"项目，北京市植物保护站对 12 个区的养殖场、农户、保护地设施、农田等 46 个样地进行了调查，累计捕获活鼠 356 只和死鼠 187 只，采集鼠类口腔拭子、肺、血液等试样 1 827 个。经北京市农林科学院畜牧兽医研究所对部分样品检测，血样均为阴性，不携带 H5N1 亚型禽流感病毒。

2005—2006 年，全市开展了农区害鼠区划调查。

2006 年 3 月，引进 20% 鼠靶杀鼠剂在通州区养殖场进行了药效试验，对畜禽安全，灭鼠效果达到 91.3%。

2006 年 9 月，由全国农业技术推广服务中心主办，北京市植物保护站承办，在顺义召开了"奥运场馆周边地区鼠害治理技术研讨暨华北五省（自治区、直辖市）鼠害联防工作会"。北京市农业局有关领导及北京市疾病预防控制中心、中国科学院动物研究所、中国疾病控制中心、北京市爱国卫生委员会及中国农业大学的专家和北京、天津、内蒙古、山西、河北等省（区、市）和部分县植保站代表出席会议。会议重点围绕 2008 年北京奥运，防止鼠传病害，确保奥运安全等议题进行了广泛交流讨论。会上各部门、各省（区、市）达成统一认识，明确了下一步农区统一灭鼠的工作思路与任务。

2008 年，为确保 2008 年北京奥运会安全，北京市农业局召开"2008 年农区灭鼠工作会"，全面部署 2008 年农区灭鼠工作。农业农村部种植业司植保植检处、全国农业技术推广服务中心、北京市农业局有关领导，北京市植物保护站、北京市畜牧兽医总站及北京市渔政监督管理站和区种植业服务中心、畜牧服务中心、水产服务中心及植物保护站、兽医站、渔政管理站等 115 人参加大会。2008 年首次将种植、养殖和水产 3 个部门联合，实现全市农区灭鼠一盘棋。

2008 年 6 月底，农业部（即现农业农村部）在张家口召开北京周边 5 省的奥运前期鼠害联防联控工作会议。

2008 年申请"毒饵站灭鼠技术示范推广"项目 75 万元，共购置陶土毒饵站、PVC 毒饵站 21.3 万个，在全市进行了示范推广，累计推广面积 46.2 万亩。

2009 年，与北京市畜牧兽医总站合作，完成了《畜禽场鼠害控制与效果评价》地方标准的编写工作。

2011 年，完成了《农区毒饵站投放技术规范》地方标准的编写工作。

2013 年，引进 4 套 D-2E 鼠情智能监测系统，在设施园区、荒地、养殖场进行了测试。

2015 年，引进 TBS 技术在农田、设施保护地开展了示范工作。

2017 年，引进不育剂荚术醇在顺义区麦田进行了示范。

2018 年，引进了大数据鼠害智能监控系统在顺义区的两个园区进行了测试。并引进胆钙化醇杀鼠剂 1 t，在设施园区进行了示范，累计示范面积 218 hm^2。

2003—2019 年全市农田灭鼠情况统计（表 4-23），在这 17 年间，全市农田累计灭鼠面积 291.4 万 hm^2，平均灭鼠效果 93.5%。其中，推广毒饵站灭鼠面积 27.1 万 hm^2，尽管现在的控鼠面积比最高峰时下降了 2.7 倍，但毒饵投放量却下降了 11.5 倍，说明毒饵站、粘鼠板等灭鼠技术的应用有效地减少了毒饵投放量。通过 17 年的灭鼠工作，北京市农田鼠密度得到了很好控制，已连续 14 年控制在 1% 以下。

表 4-23　2003—2019 年全市农田灭鼠情况

年份	统一灭鼠面积（万亩）	效果（%）	鼠药毒饵（t）	年平均鼠密度（%）	毒饵站面积（万亩）
2003	239.5	92.7	202.0	2.0	
2004	290.4	91.4	369.5	4.3	1.5
2005	226.2	90.3	226.2	3.1	20.2
2006	266.0	91.2	268.0	0.7	22.5
2007	266.3	92.8	268.0	0.7	25.0
2008	343.4	93.5	250.0	0.4	46.2
2009	343.0	94.0	275.0	0.7	46.2
2010	299.9	94.2	125.0	0.4	30.0
2011	311.8	95.0	100.0	0.3	32.0
2012	320.8	92.3	130.0	0.3	30.0
2013	303.5	94.4	100.0	0.4	32.0
2014	284.0	94.5	76.0	0.3	20.0

年份	统一灭鼠面积（万亩）	效果（%）	鼠药毒饵（t）	年平均鼠密度（%）	毒饵站面积（万亩）
2015	236.8	95.0	52.0	0.2	20.0
2016	179.1	93.2	40.3	0.3	14.0
2017	169.1	93.8	47.6	0.3	22.5
2018	164.6	95.2	48.9	0.6	23.7
2019	126.1	95.2	32.1	0.3	20.2
合计	4 370.5	1 588.7	2 610.6		406.0

二、北京农区害鼠控制取得的成绩

（一）获奖情况

1995 年 4 月 1 日，大面积推广应用溴敌隆防治农田害鼠技术，获北京市农业技术推广二等奖。

1988 年 12 月 1 日，北京市郊区农田鼠害的调查研究，获北京市农业局技术改进一等奖。

1989 年 3 月 1 日，北京市农田鼠害发生与防治的调查研究，获北京市科学技术进步三等奖。

2002 年 11 月 1 日，北京市农区鼠害持续治理技术推广，获北京市农业技术推广一等奖。

2006 年 11 月，京郊畜禽场害鼠综合治理技术推广，获北京市农业技术推广三等奖。

2009 年 10 月 28 日，农区毒饵站灭鼠技术研究与应用推广，获中国植物保护学会科学技术一等奖。

2010 年 2 月，北京市农区毒饵站灭鼠技术的研究与推广，获北京市农业技术推广二等奖。

（二）专利与标准

一种毒饵站，国家实用新型专利，专利号：ZL 2009 2 0171236.6。

一种毒饵站型捕鼠器制作机，国家实用新型专利，专利号：ZL 2010 2 0109362.1。

一种安全环保捕鼠器，国家实用新型专利，专利号：ZL 2014 2 0396638.7。

农区鼠害监测技术规范（NY/T 1481—2007），中华人民共和国农业部（即现农业农村部）2007 年 12 月 18 日发布，2008 年 3 月 1 日实施。

农区鼠害控制技术规程（NY/T 1856—2010），中华人民共和国农业部（即现农业农村部）2007 年 12 月 18 日发布，2008 年 3 月 1 日实施。

畜禽养殖场鼠害控制与效果评估（DB11/T 678—2009），北京市质量技术监督局 2009 年 12 月 12 日发布，2010 年 4 月 1 日实施。

农区毒饵站灭鼠技术规程（DB11/T 818—2011），北京市质量技术监督局 2011 年 8 月 9 日发布，2011 年 12 月 1 日实施。

（三）发表的文章和参与编写的书籍

袁志强，郭永旺，李清. 北京地区农田鼠害灾变规律 [M]// 全国农业技术推广服务中心. 植物保护应用技术进展. 北京：中国农业出版社，2005.

袁志强，郭永旺，张永安，等. 北京地区应用毒饵站灭鼠的试验效果 [M]// 全国农业技术推广服务中心. 植物保护应用技术进展. 北京：中国农业出版社：2005.

邓延海，袁志强，杨建国，等. 养殖场应用不同材质毒饵站的比较试验 [J]. 北京农业，2007（33）：55-56.

袁志强，郭长富，杨得草. 养殖场灭鼠饵料筛选试验 [J]. 北京农业，2007（12）:39-40.

袁志强，杨秀环，张永安. 不同长度管形毒饵站在养殖场灭鼠试验报告 [J]. 当代畜牧，2007（2）:52-53.

袁志强，李清，贾海山，等. 北京市顺义地区大仓鼠种群年龄的研究 [J]. 中国媒介生物学及控制杂志，2009，20（5）:416-418.

袁志强，张金良，白文军，等. D-2E 鼠情监测系统在农区不同环境应用效果 [J]. 农业科技通讯，2016，10:139-141.

袁志强，董杰，乔岩，等. 北京顺义区农田两大害鼠种群繁殖力比较 [J]. 生物技术进展，2016，6（2）:146-150.

袁志强，董杰，杨建国，等. 北京市顺义区农田大仓鼠种群数量及季节消长 [J]. 中国媒介生物学及控制杂志，2016，27（4）：358-360.

袁志强，董杰，岳瑾，等. 捕鼠桶尺寸对围栏陷阱系统（TBS）捕鼠效果的影响 [J]. 中国植保导刊，2017（1）:23-26.

袁志强, 董杰, 岳瑾, 等. 北京市鼠害防治取得的成效及经验 [J]. 北京农业, 2014（12）:117–118.

袁志强, 岳瑾, 张金良, 等. 北京设施蔬菜园区鼠害发生特点及防治对策 [J]. 中国农技推广, 2017（10）: 62–63.

袁志强, 杨建国, 李婷婷, 等. TBS 技术在设施蔬菜园区的控鼠效果 [J]. 中国植保导刊, 2019（8）:59–61.

袁志强, 岳瑾, 王登, 等. 0.075% 胆钙化醇毒饵的毒力测试及养殖场灭鼠效果 [J]. 中国农技推广, 2019（10）: 88–90.

韦海涛, 杨华林. 人兽共患病与畜禽养殖场鼠害控制 [M]. 北京：中国农业科学技术出版社, 2010.

郭永旺, 邵振润. 中国农区鼠害发生与防治图谱 [M]. 北京：中国农业出版社, 2010.

郭永旺, 杨再学. 中国农区鼠害监测与防治标准 [M]. 北京：中国农业出版社, 2011.

郭永旺, 施大钊. 农业鼠害防控技术及杀鼠剂科学使用指南 [M]. 北京：中国农业出版社, 2017.

参考文献

陈海燕,王慧琴,曹明华,等,2012.基于机器视觉化的高原鼠兔智能监测系统 [J]. 中国农机化（6）：172-175.

陈奕聪，王少清，蔡岳钊，等，2013. 农区鼠情监测分析及防控对策 [J]. 中国农技推广，29（1）：44-45.

陈谊，张彩菊，蒋洪，2014.胆钙化醇灭鼠技术的研究 [J]. 中华卫生杀虫药械，20（3）：282-286.

陈越华，陈伟，2009.围栏捕鼠技术初探 [J]. 湖南农业科学，12（10）：97-98.

陈长安，张淑芬，吕京静，1992.北京市褐家鼠对杀鼠灵的抗药性调查 [J]. 中国媒介生物学及控制杂志，3（4）：339-340.

邓良利,马林,刘竹,等,2013.成都地区褐家鼠对杀鼠灵和溴敌隆抗药性调查 [J]. 医学动物防治，29（4）：367-369.

邓址，1992.鼠类对抗凝血灭鼠剂的抗药性 [J]. 中国公共卫生，8（1）:29-31.

窦相峰，阿孜古丽·加帕，李阳桦，等，2013.北京市土地覆盖遥感和鼠疫鼠情调查 [J]. 中国媒介生物学及控制杂志，2（24）：43-46.

高强，曹晖，周毅彬，等，2013.红外线鼠密度监测仪在鼠侵害监测中的应用研究 [J]. 中华卫生杀虫药械，19（5）：395-398.

高永荣，陈长安，张淑芬，1997.北京市 11 年家鼠鼠情监测结果分析 [J]. 中国媒介生物学及控制杂志，8（1）：30-33.

高志祥,郭永旺,施大钊,等,2006.北京顺义地区褐家鼠对溴敌隆敏感性研究 [J]. 植物保护，32（6）：102-104.

郭永旺，邵振润，2010.中国农区鼠害发生与防控图谱 [M].北京：中国农业出版社.

河北省植保总站，河北省鼠疫防治所，张家口地区植保站，1987.河北鼠类图志 [M].石家庄：河北科学技术出版社.

金志刚，汪祖国，卫义龙，等，2005.农田鼠情预警监测与持续开展控鼠防害技术探讨 [J]. 上海农业科技（5）：125-126.

李广华，伊力亚尔，魏新政，等，2011.新疆 TBS 灭鼠技术示范应用效果初探

[J]. 中国植保导刊，31（98）：27–29.

梁红春，兰璞，郭永旺，2014. 围栏捕鼠技术在天津地区应用研究 [J]. 中国媒介生物学及控制杂志，25（2）：145–147.

刘孝祥，林波，周溪乔，2012. D2E 鼠情智能侦测系统在小浪底水利枢纽的应用 [J]. 中华卫生杀虫药械，18（4）：362–363.

卢浩泉，马勇，赵桂芝，1988. 害鼠的分类测报与防治 [M]. 北京：中国农业出版社 .

秦成洲，2006. 来安县农田鼠害综合防治技术 [J]. 现代农业科技（293）:32.

全国农业技术推广服务中心，2017. 农业鼠害防控技术及杀鼠剂科学使用指南 [M]. 北京：中国农业出版社 .

全国农业技术推广服务中心，2011. 中国农区鼠害监测与防治标准 [M]. 北京：中国农业出版社 .

全国农业技术推广服务中心，2018. 鼠害管理技术 [M]. 北京：中国农业出版社 .

汪诚信，1986 . 药物灭鼠 [M]. 北京：北京科学技术出版社 .

王振坤，戴爱梅，郭永旺，等，2009. TBS 技术在小麦田的控鼠试验 [J]. 中国植保导刊，29（9）：29–30.

吴金美，高军，张艳玲，等，2016. 物联网技术在卢龙县农田鼠情监测上的应用 [J]. 现代农业科技，（3）：146–147.

谢大彤，张永治，梁昌卫，2014. 桐梓县 1986—2013 年鼠情监测结果分析 [J]. 植物医生，27（4）：47–49.

杨再学，金星，刘晋，等，2011. 贵州省 1984—2010 年农区鼠情监测结果分析 [J]. 农学学报，32（3）：11–14.

杨再学，2001. 鼠害的发生与可持续治理 [M]. 贵阳：贵州民族出版社 .

杨再学，2016. 中国小型兽类年龄鉴定方法 [M]. 北京：中国农业出版社 .

杨再学，杨光灿，罗建平，等，2013. 遵义市农区鼠种种类及其种群数量变动规律 [J]. 山地农业生物学报，32（3）：209–213.

张美文，王勇，李波，等，2009. 洞庭湖不同退田还湖类型区东方田鼠和黑线姬鼠的繁殖特性 [J]. 兽类学报，29（4）：396–405.

赵芳，龙贵兴，杨再学，等，2015. 黔西北地区农田黑线姬鼠种群数量动态及繁殖特征变化 [J]. 亚热带农业研究，11（1）：46–50.

赵桂芝，施大钊，1994. 中国鼠害防治 [M]. 北京：中国农业出版社 .

彩 插

一、害鼠为害

松鼠仁用杏为害状

草莓为害状

养殖场顶棚洞道

设施为害状

玉米为害状

地下害鼠麦田为害状

地下害鼠苜蓿为害状

瓜类为害状

玉米种子为害状

害鼠进出通道

被为害的棚膜

二、鼠种

黑线姬鼠　　　　　　　　　　　褐家鼠

社鼠　　　　　　　　　　　大仓鼠

棕背䶄　　　　　　　　　　鼯鼠

小家鼠

黑线仓鼠

岩松鼠

花鼠

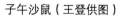

子午沙鼠（王登供图）

林姬鼠

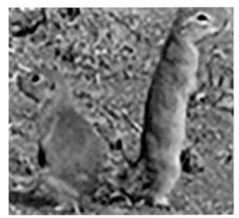

达乌尔黄鼠（王登供图）

长尾仓鼠

中华鼢鼠（王登供图）

东北鼢鼠（王登供图）

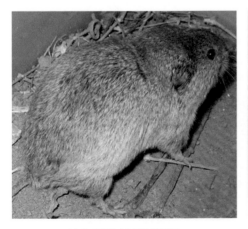

棕色田鼠（王登供图）

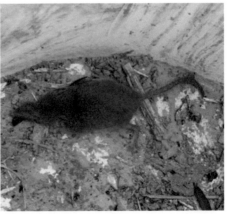

鼩鼱

三、监测捕鼠器械

捕鼠笼

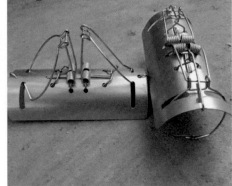

弓形夹

地箭

木板夹

铁板夹

粘鼠板

捕鼠桶

带翻板捕鼠桶

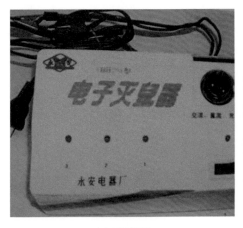

电子灭鼠器

监测饵料及防护用品

鼠迹

物联网智能监测系统

D-2E 监测系统

鼠夹错误布放

鼠夹正确布放

鼠夹灵敏布放

鼠夹迟钝布放

处理过的花生米

粉剂法调查

山区台地布夹位置

害鼠自残现象

养殖场监测

四、药剂防治——鼠栖环境

牛场

猪场

规模鸡场

散养鸡场

水产养殖场

农村场院

白地　　　　　　　　　　　　　　麦田

稻田　　　　　　　　　　　　　　玉米田

西洋参棚　　　　　　　　　　　　甘薯田

果园

与麦田接壤林地

荒地

设施保护地

谷子田

露地菜田

五、药剂防治——鼠药及毒饵

溴敌隆

杀鼠醚

胆钙化醇

莪术醇

违禁鼠药

成品颗粒毒饵

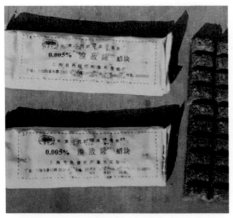

蜡块毒饵

蜡丸毒饵

小麦毒饵

蔬菜毒饵

毒水

养殖场投饵

六、药剂防治——毒饵配制及发放

人工分散配制

人工集中配制

种子包衣机集中配制

搅拌机集中配制

毒饵统一包装

统一使用说明书

待分发灭鼠物资

农田灭鼠物资分发

玉米毒饵配制

水产部门分发灭鼠物资

七、药剂防治——裸露投放

设施保护地投饵

渔场投饵

玉米渣毒饵

鼠穴投饵

果园投饵

麦田投饵

设施保护地内投饵

电线杆等重点区域投饵

投饵量偏多

投饵量合理

毒饵发生霉变

浸水后毒饵发芽

八、药剂防治——毒饵站及粘鼠板控鼠

饮料瓶毒饵站

胶管毒饵站

临时毒饵站

泥瓦毒饵站

分体式塑料毒饵站

砖砌固定毒饵站

瓦砌固定毒饵站

竹筒毒饵站

纸制毒饵站

陶土毒饵站

陶土毒饵站晒胚

PVC 毒饵站

PVC 毒饵站加工

设施内毒饵站布放

设施后缘毒饵站布放

设施前缘毒饵站布放

杂物堆下毒饵站布放

麦田毒饵站布放

苜蓿田毒饵站布放

渔场毒饵站布放

林地、绿化带毒饵站布放

果园毒饵站布放

露地菜田毒饵站布放

纸制毒饵站宜在设施内应用

室外应用纸制毒饵站易吸潮变形

白地毒饵站布放

玉米田毒饵站布放

挡板防止毒饵外泄

无挡板毒饵易外泄

九、药剂防治——灭鼠效果

粘鼠板与毒饵站配合使用

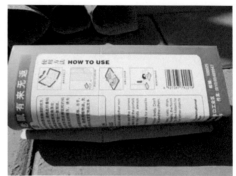

粘鼠板折成毒饵站状使用

害鼠多死于洞穴及隐蔽处

中毒后害鼠仍在取食

养殖场灭鼠效果

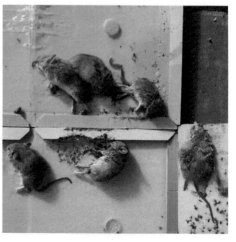

粘鼠板灭鼠效果

十、TBS 控鼠

成品 TBS

线性 TBS

捕鼠桶标序

封闭式 TBS

白地应用 TBS

玉米田应用 TBS

稻田应用 TBS

保护地应用 TBS

开口位置正确

开口位置不正确

桶口与地面平齐

桶口与地面形成坡坎

不正确的安装

捕鼠效能下降

应用中草荒问题

捕获的害鼠

十一、鼠类天敌

黄鼬

蛇

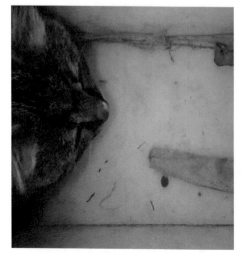

田间监测到的猫

公园中的野猫

十二、灭鼠宣传

全市农区灭鼠工作会议

全市农区灭鼠现场会议

灭鼠文件

农田灭鼠文件

灭鼠技术培训

灭鼠技术培训

灭鼠物资发放现场会

三部门联合检查灭鼠工作

兄弟单位交流学习

国内外专家考察

灭鼠警示

灭鼠告示

TBS 示范宣传牌

毒饵站灭鼠示范宣传牌

灭鼠宣传小册子

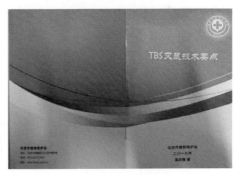

TBS 宣传小册子

获得的表彰

图书在版编目（CIP）数据

北京农区害鼠监测与防控实用技术指南 / 袁志强，杨建国主编 . —北京：中国农业科学技术出版社，2021.2
ISBN 978-7-5116-5116-7

Ⅰ.①北… Ⅱ.①袁… ②杨… Ⅲ.农业区 – 鼠害 – 监测 – 北京 – 指南 ②农业区 – 鼠害 – 防治 – 北京 – 指南病 – 防治 – 图谱 Ⅳ.① S443–62

中国版本图书馆 CIP 数据核字（2021）第 018428 号

责任编辑　张志花
责任校对　李向荣
责任印制　姜义伟　王思文

出 版 者　中国农业科学技术出版社
　　　　　北京市中关村南大街 12 号　　邮编：100081
电　　话　（010）82106636（编辑室）　（010）82109702（发行部）
　　　　　（010）82109709（读者服务部）
传　　真　（010）82106631
网　　址　http://www.castp.cn
经 销 者　各地新华书店
印 刷 者　北京建宏印刷有限公司
开　　本　170 mm × 240 mm　1/16
印　　张　6.5　彩插 32 面
字　　数　160 千字
版　　次　2021 年 2 月第 1 版　2021 年 2 月第 1 次印刷
定　　价　59.80 元